给垃圾分类　为城市减负

可回收物
Recyclable

有毒有害垃圾
Harmful waste

生活垃圾
分类指导手册

餐厨垃圾
Kitchen waste

其他垃圾
Other waste

《生活垃圾分类指导手册》编委会
苏州市环境卫生管理处　◎编

苏州大学出版社
Soochow University Press

图书在版编目(CIP)数据

生活垃圾分类指导手册/姚凤根，朱水元，何晟主编；《生活垃圾分类指导手册》编委会，苏州市环境卫生管理处编. —苏州：苏州大学出版社，2012.1（2015.3重印）
ISBN 978-7-81137-945-7

Ⅰ.①生… Ⅱ.①姚…②朱…③何…④生…⑤苏… Ⅲ.①垃圾处理—手册 Ⅳ.①X799.3-62

中国版本图书馆CIP数据核字(2011)第273840号

书　　名：生活垃圾分类指导手册

主　　编：姚凤根　朱水元　何　晟
编　　者：《生活垃圾分类指导手册》编委会
　　　　　苏州市环境卫生管理处
策　　划：刘　海
责任编辑：刘　海
装帧设计：刘　俊

出版发行：苏州大学出版社(Soochow University Press)
出 版 人：张建初
社　　址：苏州市十梓街1号　邮编：215006
印　　刷：苏州工业园区美柯乐制版印务有限责任公司
E-mail　：Liuwang@suda.edu.cn
邮购热线：0512-67480030
销售热线：0512-65225020

开　　本：787mm×1 092mm　1/32　印张：7.5　字数：124千
版　　次：2012年1月第1版
印　　次：2015年3月第4次印刷
书　　号：ISBN 978-7-81137-945-7
定　　价：15.00元

凡购本社图书发现印装错误，请与本社联系调换。
服务热线：0512-65225020

生活垃圾分类指导手册

《生活垃圾分类指导手册》编委会
苏 州 市 环 境 卫 生 管 理 处 编

苏州大学出版社

《生活垃圾分类指导手册》编委会

主　编：姚凤根　朱水元　何　晟

编　委（以姓氏笔画为序）：

干　磊　王　威　王　琪　孙建中

李世昌　武　源　武晓静　侯引屹

倪文文　袁丽骏　夏苏芸　钱丽燕

董丽蓉

生活垃圾分类倡议书

当今世界，实现经济、社会与人口、资源、环境的协调发展已成为共识。而将垃圾进行科学分类及无害化处理，从源头减少垃圾废弃物的产生量，进行废弃物再利用和再循环是解决环境污染、资源浪费等问题和实现可持续发展的必由之路。

树立低碳环保理念，保护环境，我们义不容辞、责无旁贷！

让我们携起手来，为了地球的洁净、生命的健康，共同努力，积极参与到生活垃圾分类行动中。

让我们立即行动起来，从自身做起，从每个家庭做起，以崭新的面貌、良好的生活习惯，爱护我们的家园，保护我们的生存环境。

只要我们人人都动起手来，我们的环境将变得更美丽！

给垃圾分类 为城市减负
可回收物
Recyclable waste
其他垃圾
Other waste
餐厨垃圾
Kitchen waste
有毒有害垃圾
Harmful waste

编写说明

本书的编写初衷是通过对我国生活垃圾污染现状的陈述说明生活垃圾给国人带来的环境困扰,进而阐述生活垃圾分类的意义,并借鉴国外生活垃圾分类的成功经验,对我国的生活垃圾分类作知识性指导。本书既有数据说明,也有实例引证,更有较为具体翔实的分类指导,还介绍了生活垃圾减量处置的一些小窍门,希望本书能够帮助到有志于参与生活垃圾分类行动的朋友们。

本书在编写过程中参考了环境保护专家的不少最新研究成果,并得到了张家港市城市管理局生活垃圾分类管理工作领导小组办公室的大力支持,在此一并深表感谢。

另外,由于时间较为紧迫,书中难免有错漏之处,请朋友们多加指正。

《生活垃圾分类指导手册》编委会

苏州市环境卫生管理处

2011 年 11 月 30 日

目 录

第一章 生活垃圾分类的意义

地球是我们赖以生存的家园，她为我们提供了美丽的环境。但是随着社会经济的迅速发展和城市人口的高度集中，生活垃圾的产量正在逐步增加，我们美丽的家园正在被垃圾所包围。

中国正处于经济高速发展期，城市化进程的加速使得人口大量向城镇集中，其所产生的大量生活垃圾已造成了严重的环境污染问题，也成为我国跨世纪的沉重忧患。面对日益增长的垃圾产量和环境状况恶化的局面，如何通过垃圾分类管理来最大限度地实现垃圾资源利用、减少垃圾处置量、改善生存环境质量，是国内各城市或地区共同关注的迫切问题。

（一）生活垃圾污染现状

随着经济的发展和人民生活水平的提高，生活垃圾问题日益突出。据统计，1979 年全国城市垃圾的清运量是 2 500 多万吨，1996 年城市垃圾的清运量是

1.16 亿吨，为 1979 年的 4 倍；到 2004 年，更增长到了 1.64 亿吨。2006 年“十一”黄金周的前 3 天，从 9 月 30 日夜到 10 月 3 日下午 3 时，北京市相关环卫部门共出动作业人员2 024班次、机扫车 89 班次、洒水车 54 班次、垃圾压缩车 36 班次，共为天安门广场清运垃圾113.8吨。

1990 年，我国垃圾年清运量为 6 700 万吨左右，而无害化处置率仅为 2.3%。“九五”期间，随着大批垃圾处理设施（主要是填埋场）和相应城市垃圾清运体系的建设，多数城市将生活垃圾集中至处理场，基本改变了“垃圾围城”的状况。原建设部相关统计显示，1990 年至 2000 年之间，全国城市生活垃圾年清运量从 6 700 万吨上升到约 1.2 亿吨，无害化处理率从 2.3% 上升到 61.4%；2008 年，全国生活垃圾清运量达到 1.54 亿吨，无害化处理率达 66.8%。有关统计表明，清运的 1.54 亿吨垃圾只是 655 个城市的统计数据，如果算上全国 2 000 多个县城、2 万多个中心城镇的垃圾以及农村垃圾，总量将超过 3.5 亿吨。统计表明，全国垃圾积累量将近 80 亿吨，占用土地 80 多万亩。同时，我国城市生活垃圾产生量仍以每

年 5% 至 6% 的速度增长。

在我国，主要是通过城市污水处理厂、生活垃圾填埋场、生活垃圾焚烧厂、堆肥处理厂、微生物处理厂等来处理生活垃圾，这些场所在处理生活垃圾的过程中会产生不同程度的二次污染。比如，垃圾焚烧产生的有毒飞灰、二噁英等，这些二次污染物不妥善处理又会给环境带来不小的负面影响。

随着城市化进程的加速，越来越多的人口向城市集中，生活垃圾的产生量日益增加，多数大中城市的垃圾处理能力缺口也在不断加大，垃圾面临着无处可去的窘境。以北京市为例，2009 年北京日产生活垃圾约为 1.83 万吨，年产 669 万吨，而目前北京 17 个填埋场设计总日处理能力为 1 万余吨，有将近 8 000 吨的缺口。据调查，海淀区某填埋场目前超负荷运行 66.6%；朝阳区高安屯垃圾场设计处理能力 1 000 吨/日，2008 年处理量达到3 400吨/日至 3 700 吨/日，超负荷接近 4 倍。据此估计，大约在 4 年后，北京市的垃圾将无处可去。广州市的情况也类似。据了解，广州市每天产生的生活垃圾进入终端处理的约为 1.2 万吨，下辖的兴丰生活垃圾卫生填埋场日处理 7 000 吨，李坑生活垃圾焚烧发电厂日处理 1 000 吨，另外 4 000 吨垃圾分别在番禺区、花都区、从化市、增城市当地处理。而兴丰生活垃圾卫生填埋场将于2011年填满封场,番禺区生活垃圾填埋场也将于2012年填满封场。依照垃圾处理设施的建设期限(一般为1至2年),即便是马上动工建造新的垃圾填埋场,时间也已经相当窘迫。而且现有的城市垃圾处理设施,虽然将此前随意堆放在城市周边的垃圾集中了起来,在一定程度上解决了"垃圾围城"的问题,但由于早期建造的多为简易填埋场甚至是堆埋场,也埋下了环境污染的隐患。

1. 垃圾露天堆放问题严重

截至2006年,我国历年垃圾的存堆量已高达64.6亿吨,占地5.6万公顷,有200多座城市陷入垃圾的包围之中。在运输和露天堆放垃圾的过程中,有机物分解产生恶臭,并向大气释放出大量的氨、硫化物等污染物,其中含有机挥发气体达100多种,还含有许多致癌、致畸物;塑料膜、纸屑和粉尘则随风飞扬,形成"白色污染"。

2. 水体遭受严重污染

垃圾不但含有病原微生物,在堆放腐败过程中还会产生大量的酸性和碱性有机污染物,并溶解出垃圾中的重金属,形成有机物质、重金属和病原微生物三位一体的污染源。任意堆放或简易填埋的垃圾，其中所含水分和淋入堆放垃圾中的雨水产生的渗滤液流入周围地表水体或渗入土壤，会造成地表水或地下水的严重污染。这类污染环境的事件屡有发生。1983 年夏，南方某垃圾堆放场所在地区同时爆发了痢疾，其原因便是地下水被垃圾场渗滤液污染。据检测，当地地下水中的大肠杆菌值超过饮用水标准 770 倍以上，含菌量超标 2 600 倍。

还有很多生活垃圾被直接弃入河流、湖泊或海洋，引起了更严重的污染。水面上漂浮着的塑料瓶、快餐饭盒、塑料袋、面包纸等，严重影响了水环境，而且如果水中的动物误食了这些白色垃圾，不仅会伤及健康，严重者甚至会死亡。

3. 生物性污染

垃圾中有许多致病微生物，而且垃圾本身也能为老鼠、鸟类及蚊蝇提供食物及栖息和繁殖的场所，因此往往是蚊、蝇、蟑螂和老鼠等有害生物的孳生地和巢穴。蚊、蝇、蟑螂和老鼠等动物是疾病传播源，它们四处流动会传播疾病，影响民众的身体健康。

4. 侵占大量土地

垃圾在自然界停留的时间很长：烟头、羊毛织物 1 至 5 年；橘子皮 2 年；易拉罐 80 至 100 年；塑料 100 至 200 年；玻璃 1 000 年。据初步调查，2003 年全国 668 座城市中已有 2/3 被垃圾带所包围，全国垃圾存放占地累计 80 万亩。

我国正处于农业社会向工业化社会转型的阶段，生活垃圾的成分与二三十年前相比有了很大的变化，废塑料、废金属、废玻璃、废纸张、废橡胶等在生活垃圾中占有相当大的比例。在自然界中，塑料、金属和玻璃都是微生物难以分解的东西，如果把含有这些东西的垃圾不加处理地堆放在地表，它们会在那里原封不动地躺上数十年甚至上百年，同时，其缓慢分解出的物质会污染附近的土壤和地下水源。可是由于经费紧张等原因，这些包含有害物质的生活垃圾常常未经专业化处理或未经严格处理就被作为肥料直接用于农田。这种经粗放处理的垃圾肥颗粒大，含有大量玻璃、金属、碎砖瓦等杂质，破坏了土壤的团粒结构和理化性质，致使土壤保水、保肥能力大大降低。据初步统计，累计使用这种垃圾肥每 0. 06 公顷达 10 吨以上的土地，其保水和保肥能力都下降了 10% 以上，土壤的汞浓度也超过本地正常土壤的 3 倍。

5. 垃圾爆炸事故不断发生

随着生活垃圾中有机物含量的提高和由露天分散堆放变为集中堆存，对这些垃圾只采用简单覆盖的处理方式易形成产生甲烷气体的厌氧环境，极易引发爆炸事故。1995 年，北方某市的一座垃圾堆放场就曾连续发生了 3 次垃圾爆炸事故。

6. 浪费资源

生活垃圾中有相当一部分是可回收利用的资源。我国民众产生的生活垃圾中约有四分之一的物质如废纸、废玻璃、废塑料和废金属等，是可以回收利用的。如果考虑垃圾中的有机物可制造农家肥的因素，可利用的比例将会更高。但是一般城市对生活垃圾的处理方式较为简单，据估算，全国每年在垃圾中扔掉的可再生资源价值高达 250 亿元。

（二）生活垃圾分类的意义

中国人有着回收利用废旧物品的历史传统。过去，我们回收废旧物品或许只是因为物质条件不够丰富而采取的不得已手段；在中国逐渐富裕的今天，我们将回收废旧物品的传统提升为生活垃圾分类的实际行动，则是保护环境的自觉意识和行为。

1. 生活垃圾也是资源

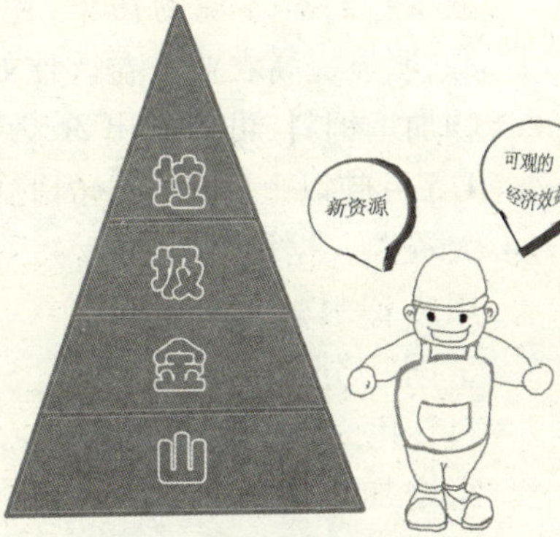

垃圾中蕴藏着丰富的可回收利用资源，而且还可以产生良好的经济效益。我国城市垃圾在总量大幅度增长的同时，结构上也发生了很大变化：生活垃圾中的无机物含量持续下降，有机物比重不断增加，可燃物增多，可利用价值增大。据统计，目前生活垃圾中约70%为厨余垃圾（包括果皮等有机垃圾），20%为废纸、塑料类，约4%为玻璃，剩余的为金属、布类等，其中的大部分物质都具有被资源化利用的可能，如果对它们加以合理开发利用，就能变废为宝。

利用垃圾制取的产品，其能源消耗要低于用初始原料加工的产品，有的甚至低好几倍，而且还降低了二氧化碳的排放量。比如，垃圾中的废纸是可再生原料，社会对纸张和纸板需求量的迅速增长正导致森林的衰竭，而100万吨废纸相当于600平方公里以上的森林资源，如果将1吨废纸转化为纸张、纸板产品，可节省电能225千瓦时。

而科学利用生活垃圾中的废弃食物，不仅可减少它们对环境的污染，还可获得补充饲料来源，明显提高农业效益。比如用100万吨废弃食物加工饲料，可节省出36万吨饲料用谷物，生产4.5万吨以上的猪肉。因此可以说，垃圾就是一大资源。据测算，若采用废塑料炼油技术将全国三分之一的废塑料转化为油，便可为国家增加200万吨的纯燃料油，获利可达56亿元。美国曾就垃圾的回收利用问题作过计算，他们发现了利用垃圾能源的潜在价值。就美国全国需求而言，垃圾再生材料可满足全国铁需要量的7%、铝需要量的8%、锡需要量的19%、纸需要量的15%。如果垃圾中的可用物质能得到无数次反复利用，则垃圾将成为取之不尽的循环利用资源，这对促进社会和经济的可持续发展将起到极为重要的作用。

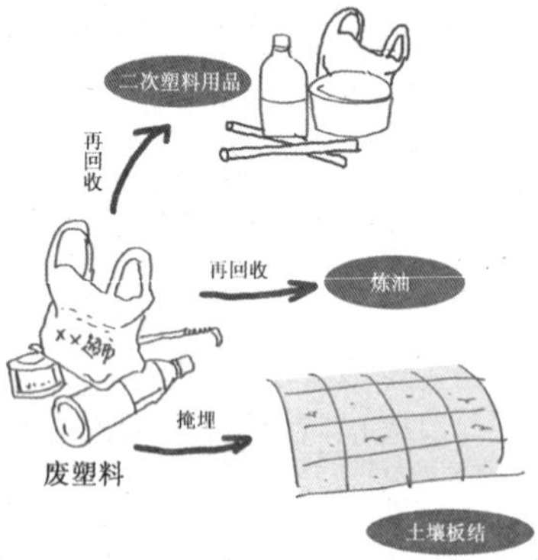

2. 生活垃圾分类的定义

目前，全球每年新产生的垃圾量已激增至500亿吨。处理如此巨量的垃圾，就需要消耗更多的社会资源。然而，能堆放垃圾的特殊用地已越来越难找到；垃圾填埋时，其中分解出的化学物质可能泄漏，污染地下水和土壤；此外，如果利用焚烧法来处理垃圾，则有可能造成空气污染。面对过量的生活垃圾，最有效的解决方法就是从源头上减少生活垃圾的产生，其中最行之有效的措施就是做好生活垃圾的分类和收集。

生活垃圾分类是对生活垃圾进行前处置的重要环节，也是对生活垃圾的传统收集处置方式的改革，是对垃圾进行有效处置的一种科学管理方法。通过分类投放、分类收集，把有用物资，如纸张、塑料、橡胶、玻璃、瓶罐、金属以及废旧家用电器等，从垃圾中分离出来，重新回收、利用，变废为宝，既能提高垃圾资源利用水平，又可减少垃圾处置量，是实现垃圾减量化和资源化的重要途径和手段。

经过分类收集后的生活垃圾将便于进行分类处置。如将以易腐有机成分为主的厨余垃圾单独分类，对其中的有机垃圾可进行堆肥发酵处理，将其制成农田用肥和绿化用肥，不仅能为改善土壤结构、提高土壤肥力提供优质原料，还有利于减少化肥施用量；而将厨余垃圾中含水率高的垃圾分离出来，则可以提高其他垃圾的焚烧热值，降低生活垃圾焚烧处置过程中的二次污染控制难度。对热值较高的可燃垃圾进行焚烧处置，还可给人们提供热能和电能，对其中没有回收利用价值的无机垃圾则进行填埋处置。

3. 生活垃圾分类的法律依据

早在2003年，全国政协委员、“自然之友”的会长梁从诫先生就指出，垃圾处理的关键在于分类。而目前全国上下的普遍情况是各种垃圾混在一起，民众缺乏相关意识，分类处理无从谈起。他呼吁必须建立长效机制，将垃圾分类纳入法制轨道，为垃圾处理立法，使垃圾回收管理有法可依。

2007年4月，原建设部颁布了《城市生活垃圾管理办法》，并要求全国各地自2007年7月1日起施行；2011年4月19日，国务院批转了住建部等16个部门《关于进一步加强城市生活垃圾处理工作意见》，《意见》直面一些城市所处的“垃圾围城”困境，明确规划了生活垃圾的处理目标，即到2015年全国城市生活垃圾无害化处理率达到80%以上，直辖市、省会城市和计划单列市生活垃圾全部实现无害化处理；到2030年，全国城市生活垃圾要基本实现无害化处理，城乡生活垃圾处理接近发达国家平均水平。

最近几年，我国不少城市也陆续颁布了生活垃圾分类的法律法规或条例，比如北京市颁布了《北京市生活垃圾管理条例》，并要求自2012年3月1日起施行；上海市颁布了《上海市城市生活垃圾处理管理办法(草案)》，要求自2008年11月1日起施行；广州市颁布了《广州市城市生活垃圾分类管理暂行规定》，要求自2011年4月1日起施行；四川省发布了《四川省城乡生活垃圾处理指导意见》；浙江省杭州市颁布了《杭州市区生活垃圾分类收集处置工作实施方案》；还有其他不少城市也发布了类似的生活垃圾分类法律法规或条例，为民众进行科学的生活垃圾分类提供了指南，也为环境卫生管理部门提供了可以依据的法律法规或条例。

其实，只要民众树立牢固的环保意识，从身边的每一件垃圾分类小事做起，并积极参与到全社会普及生活垃圾分类知识的行动中，就一定能提高全社会对生活垃圾分类知识的认知水平，增强全社会环境保护和永续发展的意识，形成人人参与垃圾分类、人人关注生态建设的良好氛围。

4. 生活垃圾分类的意义

1）总的说来，生活垃圾分类有三大贡献，即“资源化”“减量化”和“无害化”。

① 资源化

生活垃圾本身也是资源，前文已述，不再

赘述。

② 减量化

施行生活垃圾分类是实现垃圾减量化的最基本手段。当前我国最常见的生活垃圾处理方法是垃圾卫生填埋法，这些被填埋的生活垃圾大多没有经过分类处理，里面掺杂着一些有毒有害的物质，如废旧电池、废旧电器等（此类物质属于危险废物，国家明文规定严禁用填埋法处理），也有许多可回收利用的物质如废纸、金属、玻璃等。这些垃圾不经处理就直接填埋，既会造成严重的污染，又会造成部分可利用资源的浪费，同时还会增大填埋场的处理量，缩短填埋场的使用寿命，造成不必要的经济损失。

垃圾减量化的途径有很多。比如：从源头减少垃圾的产生量，实行净菜进城，把不能食用的菜根、菜叶和牲畜屠宰物等留在城外农村作农肥利用，让净菜进入普通家庭，生活垃圾中的腐殖质就会随之减少；当前随着生活垃圾中纸类等物质含量的增多，生活垃圾中的可利用成分会越来越多，需进行填埋处理的垃圾也就越来越少；随着城市居民生活水平的提高，居民燃料结构的变化，生活燃料方式的改进，石油液化气、煤气、天然气将逐步代替煤炭，灰分的产生量将急剧下降，也将对垃圾减量产生明显的效果。针对垃圾减量化，我国政府有关部门已经作出了一些具体规定，许多城市也正在开展此项工作，并取得了一定的成效。

实行垃圾分类，将垃圾有效减量化后再进行填埋处理，能延长填埋场的使用时间，从而间接地降低垃圾填埋场的年均成本，提高经济效益。

据2000年1月13日《北京日报》报道，1998年，北京为数8.2万人的垃圾捡拾大军从源头上捡走垃圾350万吨，总收入达9.3亿元。而当年，北京市城八区由环卫局清运的垃圾仅为270万吨，市政府用于处理这些垃圾的费用就达7.5亿元。当然，出于多种因素的考虑，不鼓励没有资质的人员从事捡垃圾职业，但从上面这组数据来看，实行垃圾减量化，不仅能增加就业机会、提高相关人员收入，还能减少政府的财政支出。

③ 无害化

在一定场合，生活垃圾的收集回收方式还能改变社会的生活与生产方式。以令人烦恼的“白色污染”为例，一次性发泡餐具、塑料袋给人们的生活带来了极大的便利，但由于其在自然条件下几乎不能自然降解，也给环境带来了严重污染。随意抛弃会有碍观瞻，形成视觉污染；即使进入垃圾流，照样加重城市垃圾处理的负担，因为它们在填埋场长期不能分解；而在焚烧中又会产生有害气体。为此人们想出种种办法，以求兴利除弊。其中有一个办法就是引导人们自带布袋购物，少用或不用塑料袋。

随着生活节奏的加快，出门在外吃快餐的情况越来越普遍，完全放弃快餐盒显然背离发展生产是为提高生活质量的初衷。而纸餐盒和用生物类的纤维、淀粉制作的餐盒虽然环保，但由于成本较高，也未能起到取代发泡餐盒的作用。许多环保专家认为，只有将分类回收工作跟上，才能真正实现“既满足人们提高生活水平的需要，又保持环境资源的可持续发展”的目标。

2）具体来说，实行生活垃圾分类有如下益处。

① 减少占地

在我国，处理生活垃圾的主要方法之一就是将其送到垃圾场进行填埋。处置如此数量庞大的垃圾需要将大量的土地变成填埋场，而且垃圾填埋的费用也是高昂的，每吨垃圾需要 200 至 300 元人民币。不仅如此，因填埋大量垃圾而被废用的垃圾场在短时期内不能复用为耕地，也无法建成生活小区，这样就占用了大量的土地。

通过垃圾分类，可回收的物质被归置出来重复利用，这就从源头上大量减少了垃圾的数量，也就减少了用于填埋垃圾所占用的土地。

② 减少环境污染

另一种垃圾处理方法是焚烧,经过高温焚化后的垃圾不会占用大量的土地,但它耗资惊人,而且可能会造成二次污染,因为一些物质经燃烧后有可能会异变成有毒物质,污染空气和水源,侵害人体健康。二噁英这一令人谈之色变的剧毒致癌物质,就是垃圾焚烧后产生的主要气体成分之一。生活垃圾分类在源头上减少了垃圾的数量,并在焚烧前就加强了焚烧后易产生有害物质垃圾的归置,从而降低了新的有害物质产生的可能性,也减少了二次污染。

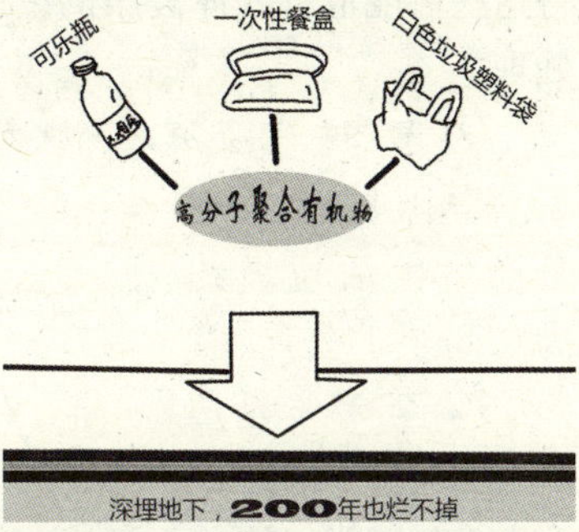

我们在生活中会扔掉各种各样的废塑料,如塑料瓶、塑料袋(也被称为“白色垃圾”)、塑料用具等,这些塑料制品都属于高分子聚合有机物,如果埋在地下的话,就是一两百年也烂不掉,它们还会使土壤板结,降低土壤的肥力,甚至使土壤失去耕种的能力,严重污染了土壤资源。但其实这些废塑料可以再回收用于

制成新的塑料用品，还可以用来炼油。实行垃圾分类，把这些可回收物分化出来，不仅方便了资源的重复利用，节约了资源，还可以减少对土地资源的占用与污染。

我们日常用的充电电池和纽扣电池一般都含有汞或镉等有毒的重金属，这些重金属如果留在地下，通过雨水的淋溶很容易进入到地下水中，对人体健康危害相当大。这种物质的生物学半衰期大概是30年，也就是30年才能排出一半，所以毒性的时效也很长。鉴于废电池这种严重的危害性，许多国家严禁将之与其他类别的垃圾混放，而生活垃圾分类就能在进入垃圾处理环节前将这些可能危害人体健康的废电池归类出来另作处理。

③ 循环利用资源，变废为宝

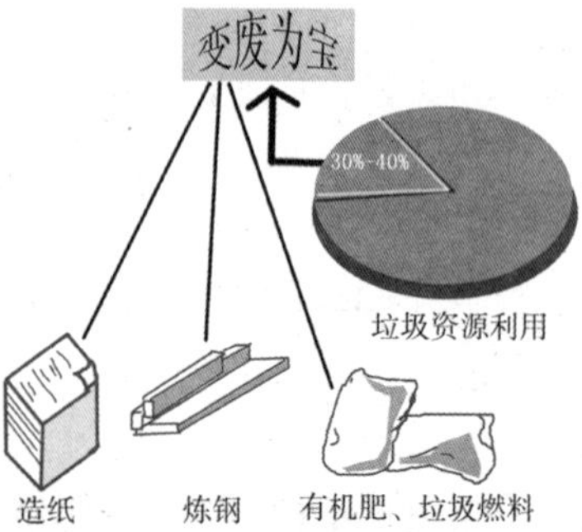

中国城市人均日产生生活垃圾约为0.8至1公斤，其中15%至25%是塑料和纸张。如果采取垃圾分类，其中80%左右的垃圾可以回收或作为肥料，填埋或焚烧的垃圾量将会大大减少。生活垃圾分类的一大好处就是可以将废弃且可用的资源重复利用，变废为宝，具有很高的经济价值。比如每回收1吨废纸可造纸0.85吨，节省木材300公斤，比等量生产减少污染74%；每回收1吨废钢铁可炼钢0.9吨，比利用矿石冶炼节约成本47%，减少污染75%，减少水污染和固体废物97%；每回收食品废物等有机垃圾1吨，可生产0.6吨有机肥，也可生产垃圾燃料，作为发电、供热燃料。1吨铝质易拉罐熔化后能结成1吨品质很好的铝块，可少采20吨铝矿。中国每年使用塑料快餐盒达40亿个，方便面碗5亿至7亿只，废塑料占生活垃圾的4%至7%。废塑料处理后可制成纽扣、笔筒等用品，同时还是炼油的好原料，1吨废塑料至少能回炼600公斤的汽油和柴油，所以有人曾经形象地将废塑料比做“二次油田”。还有生活中所用的电池，虽然其本身含有有毒的重金属，但是废电池里也含有多种有用的金属矿材。只要做好科学的回收利用工作，这些看似无用的废品还是有很高的经济价值的。

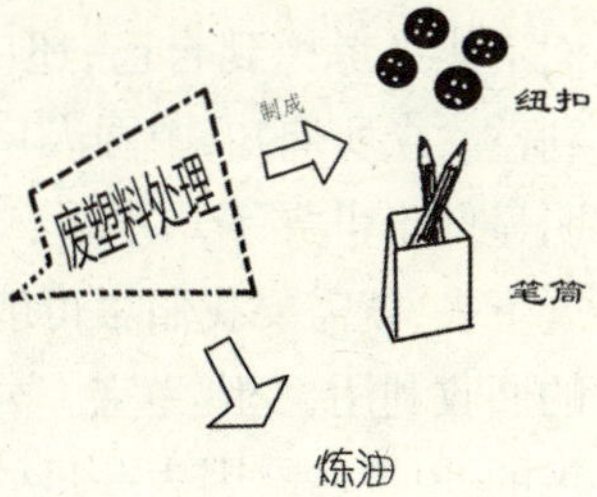

从上面的例子可知，各种废弃物混合在一起是垃圾，分选开来就是宝贵的资源，垃圾山就变成了矿山。如果能充分挖掘生活垃圾中的资源

潜力，将会产生可观的经济效益，所以这种小本大利的资源一定要被利用起来。我国是垃圾生产大国，垃圾回收、利用潜力巨大。如果能将生活垃圾的分类、回收和再利用作为一个新兴的产业积极发展，除了能产生巨人的经济效益之外，更大的意义在于可以还大家一个洁、齐、美的环境。

④ 实现可持续发展

垃圾分类、垃圾的处理问题关系到我国的可持续发展，也关系到地球母亲的健康与发展。我们不能光考虑到自己，还应该考虑到子孙后代的利益。众所周知，中国人口众多，资源人均占有率明显低于世界平均水平，中国要想长长久久地发展下去，就需要我们尽可能地节约资源，加强资源的回收利用，变废为宝。另外，还应该重视生活垃圾的处理问题，因为一旦处理不当，不仅危及当代人的健康和利益，也会危及后代子孙的利益。

地球只是宇宙中的一粒尘埃，也有其寿命。合理利用资源不仅是哪一个国家的事，在人类文明高度发展的今天，地球上的资源也在快速地消耗，节约资源是全人类的义务。垃圾分类作为资源合理利用的一种有效方式，正逐渐得到人们的重视，相信它一定会对我们地球母亲的可持续发展作出巨大的贡献。

⑤ 弘扬中华民族的传统美德

节约是中华民族的传统美德，现在我们的生

活水平提高了，消费的方式增多了，人们在不停地生产、消费乃至浪费，由此也产生了五花八门且数量巨大的垃圾。整个世界，不管穷国还是富国，垃圾分类都在成为潮流，一向以勤俭为美德的中国人也不能落后，合理归置和回收利用生活垃圾也是对传统美德的弘扬。

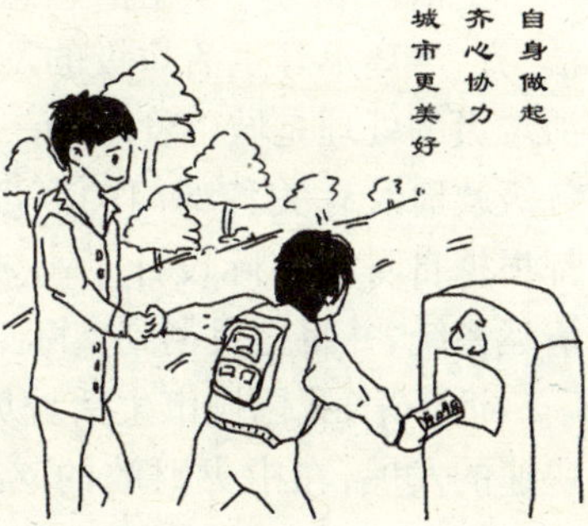

其实说起垃圾回收，我们每个人都不会很陌生，现在我们还能看到回收废品的小贩穿梭于街巷间收购可回收垃圾，而我们或多或少都有帮父母卖“破烂”换取零花钱的经历。其实这也是在对垃圾进行分类。如果全民总动员来给生活垃圾“分家”，那意义就远远不止于换取零花钱，而是赋予有回收利用价值的垃圾以二次使用生命，从而节约了社会的资源。但是仅仅依靠收废品的人员来“帮助”我们将垃圾进行分类是远远不够的，每个中国人都应该认识到回收垃圾、节约资源的重要性，从我做起，从现在做起，才能让我们的城市更美好，生活更美好，也才能使中国和谐、永续地发展下去。

第二章

生活垃圾的收集与处理

生活垃圾与民众生活息息相关，城市环境的洁、齐、美离不开生活垃圾的及时有效清理，对生活垃圾的处理是城市管理的一项重要内容，受到各级政府及有关各部门的高度重视。每个城市都根据自身的实际设计了高效实用的生活垃圾清运系统，并将之贯彻到实际工作中。

近年来，我国城市生活垃圾处理行业取得了快速的发展，在中央财政的支持下，地方政府加大了投入的力度。《垃圾卫生填埋场技术规范》经过 2001 年和 2004 年两次修订，已经在填埋场防渗、渗滤液处理、填埋气体控制等方面达到国际上的较高标准。"十五"规划期间，按照新标准开工建设了一大批垃圾处理项目并已相继投入使用，极大地提高了我国城市生活垃圾的处理能力。

我国生活垃圾的处置通常必须经过收集与处理两个环节。

（一）生活垃圾的收集

1. 生活垃圾的收集过程

生活垃圾的收集过程通常包括收集、运输和中转三个部分，其中收集和运输是每个收集过程共有的环节，中转环节并不是每个过程都会设置，而是根据垃圾从产生源至处理地的运输距离、垃圾收集车辆的运输能力及垃圾量来确定是否设置这一环节。

一般的垃圾收运系统基本上包括以下程序：垃圾收集(→中转)→运输→垃圾处理。地域范围较小或人口密度较低的城市可能就没有中转环节，或者中转环节较少，而在地域范围较大或人口密度较高的城市，要提高垃圾收集效率，设立中转站就显得很有必要。

2. 生活垃圾的收集方式

目前，根据整洁、卫生、经济、方便、协调的原则，国内通常采用的垃圾收集方式主要有车辆流动收集（或称无站式收集）和收集站收集（或称小型中转站收集）两种。

① 车辆流动收集

这是利用收集车辆（如后装垃圾车、侧装垃圾车等）对分散于各收集点的垃圾（桶装、袋装或散装）进行收集的一种方法，收集后的垃圾直接或经中转后运往垃圾处理厂（场）。

车辆流动收集方式较适用于人口密度低、车辆便于进出的地区。这种方法在西欧使用得很普遍，在我国，一些人口密度较低的中小城市或大城市的周边地区也较适用这种方法。车辆流动收集方式的优点是灵活性较大，垃圾的收集点可随时变更；但由于车辆必须到收集点进行收集作业，往往会对收集点周围环境造成影响（如噪声污染、粉尘污染等）。

② 收集站收集

这是利用设立于垃圾产生区域的固定站点来进行垃圾收集的一种方法。来自产生源的垃圾一般通过人力或机动小车运至收集站，收集站内安装有将垃圾从小车向运输车集装厢体转移的设施。收集站收集方式在人口密度高、区内道路窄小的城区比较适用，一些对噪声等污染控制要求较高及实行上门或分类收集的地区也较适宜采用这种收集方式。

我国是一个高密度人口的国家，收集站收集方式的应用非常广泛，随着时代的发展，我国收集站收集方式的技术也一直处于提升和优化中。20 世纪 70 至 80 年代普遍采用非压缩式收集（中转）方式，到了 90 年代特别是最近几年以来，随着垃圾成分的变化及收集（中转）技术的发展，开始全面转向压缩收集（中转）方式。

在我国采用收集站收集垃圾的许多地区，往

往由于其收集点尚未找到合适的垃圾接纳方式，严重影响了周围环境，因此，寻求及时、高效而又不影响民众正常生活的垃圾收集方法一直是备受关注的一个课题。

（二）生活垃圾的处理

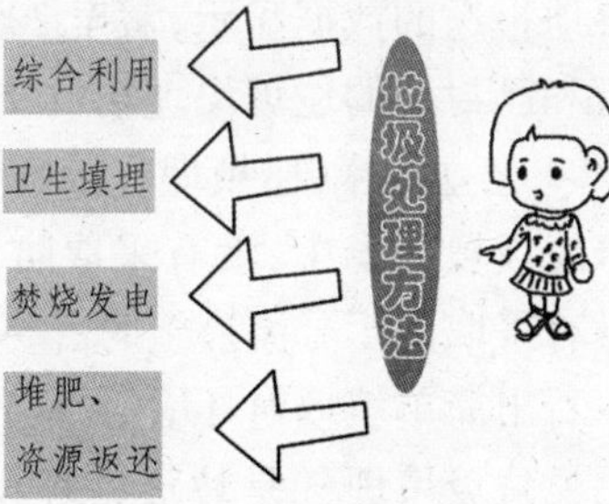

根据国家有关部门制定的法律法规以及环卫部门对生活垃圾的产量及成分所作的科学分析与统计，我国各个城市都因地制宜地确定了相应的生活垃圾处理方法，并选定了合理的处理地点。目前，我国处理生活垃圾的方法主要有垃圾填埋、垃圾焚烧和堆肥等三种。

1. 垃圾填埋

垃圾填埋是处理生活垃圾最传统的方式。相关人员可以利用各地所能提供的基础条件，采用不同的填埋方式，满足作业和消纳的要求。垃圾填埋既可以处理城市的混合垃圾，也可以消纳其他废物处理工艺的剩料和不能再回收利用的废物。由于垃圾填埋的成本低，因此这一方式在国内被广泛应用。目前，国内最大的垃圾处理场是广州市兴丰垃圾填埋场，它每天处理生活垃圾约7 000吨左右。

2008年，国务院8部委的环保专项督察行动曾专门对全国垃圾填埋场的规模、防护措施、渗滤液处理设施运行等基本情况进行过摸底排查，各地报送的数据显示，截至2008年，全国正在进行和已封场的垃圾填埋场共935个，设计库容量23.4亿立方米，已填埋容量6.6亿立方米；在935家垃圾填埋场中，没有采取防渗措施的占34%，没有采取雨污分流措施的占39%，从这组数据可以看出简单填埋对环境的潜在威胁有多大。

垃圾填埋气是垃圾填埋场二次污染中最为突出的问题。所谓垃圾填埋气是指在垃圾填埋过程中，被堆积或填埋的生活垃圾中所含的大量有机物经微生物厌氧消化、降解所生成的气体。垃圾填埋气是一种混合气体，它的产生和释放是由垃圾的成分、温度、pH值、年龄，垃圾场的水分状况、构造及环境地质、气象条件等条件决定的。

垃圾填埋气的成分主要有：

① 甲烷和二氧化碳

甲烷和二氧化碳的总体积占垃圾填埋气总量的95%至99%，其中甲烷占50%至70%，二氧化碳占30%至50%。据统计，每吨垃圾在填埋场寿命期内大约可产生100至200立方米的填埋气体。

② 硫化物、氨气和氮气等

这些气体的含量占垃圾填埋气总体积的5%左右。这类气体是造成垃圾填埋场周边大气恶臭的主要原因。

③ 微量气体

这些微量气体种类多、成分复杂，主要包括一些微量挥发性有机化合物，如芳香族、脂肪族碳氢化合物及其他微量气体，总数达100多种。

垃圾填埋气可以通过填埋场表面向大气无序扩散，还可以通过地下岩土中的地质构造如裂隙等向填埋场周边地区横向水平迁移扩散，使填埋气迁移到离填埋场较远的地方才释放进入大气。

我国相关部门对于填埋场的建设也有明确的规定，具体表现在对垃圾填埋场的选址、设计与施工、填埋废物的入场条件、运行、封场、后期维护与管理以及污染物的控制等方面。

2008年，我国环境保护部颁布《生活垃圾填埋场污染物控制标准》（以下简称《标准》），对垃圾填埋场的污染标准进行了详细的规范。《标准》补充了对生活垃圾填埋场选址、基本设施的设计与施工的要求，增加了可以进入生活垃圾填埋场共处置的一般工业固体废物、生活污水处理污泥等的入场要求,并提出经过一定处理、符合标准要求的生活垃圾焚烧飞灰等废物可以进入生活垃圾填埋场,这对促进我国的生活垃圾焚烧设施建设有很大的促进作用。《标准》要求生活垃圾填埋场的选址应当结合本地发展的长远规划,包括区域性环境规划、环境卫生设施建设规划和当地的城市规划。由于生活垃圾填埋场的选择对环境的影响较大,因此在确定场址的位置时要依据环境影响评价,并经地方环境保护行政主管部门批准。在对生活垃圾填埋场场址进行环境影响评价时,应根据生活垃圾渗滤液、填埋气体、气味、蚊蝇等填埋场滋养动物因素对周围环境、人群健康及其日常生活、生产活动的影响程度,确定生活垃圾填埋场和常住居民居住场所、地表水域、高速公路、交通主干道(国道或省道)、铁路、飞机场、军事基地等敏感目标之间的距离,合理确定防护距离,并作为规划控制的依据,尽量避免可能发生的争议,保护城乡居民的健康和环境安全。《标准》对生活垃圾填埋场的渗滤液处理也提出了新要求,规定现有和新建生活垃圾填埋场都必须建有较完备的污水处理设施,经过处理后的渗滤液必须达到标准规定的排放限值才能直接排放。对于现有生活垃圾填埋场标准实施后 3 年内无法满足规定的排放浓度限值要求的,应满足生活垃圾渗滤经过预处理、均匀注入城市二级污水处理厂并不超过城市二级污水处理厂额定的污水 25 处理能力等要求，才可将生活垃圾渗滤液送往城市二级污水处理厂进行处理。《标准》在既有实践的基础上，优化调整排放限值，严格和细化执行条件与措施，促进《标准》的贯彻执行率，推动了中国生活垃圾填埋场渗滤液污染控制水平的切实提升。例如，为保证防渗结构的完整性，新《标准》规定生活垃圾填埋场应建设地下水监测设施，该系统用于检测衬层系统的有效性和地下水水质的变化；同时还要求生活垃圾填埋场在投入运行之前，应对衬层系统的完整性、渗滤液导排系统与地下水导排系统等的有效性进行质量验收，确保填埋场的安全运行。此外，新《标准》还补充了渗滤液中总氮、氨氮、重金属等的污染控制指标，提高了新建和现有填埋场的渗滤液污染物排放限值等要求，规定了在一定期限内进入城市二级污水处理厂处理的渗滤液的允许条件。《标准》并对生活垃圾填埋场产生的恶臭气体提出了严格的监控措施，规定必须综合利用和处置甲烷气体，要能对全球气候变化、促进节能减排和建设循环型社会方面起到积极作用。

根据工程设施是否齐全、环保标准是否满足需要，可以将垃圾填埋分为简易填埋场、受控填埋场和卫生填埋场等三个等级。

① 简易填埋场

生活垃圾处理方式

这是填埋方式中最传统、最普通的形式。它基本上不需要建造什么工程措施，采用这种填埋方式处理垃圾很难达到最基本的环保标准。目前，受经费限制和经济发展水平的制约，我国 50% 的城市生活垃圾都是采用这种方式处理的。在资金来源渠道单一、农村经济状况总体水平不佳的情形下，农村的垃圾除了倾倒外绝大多数也都是采取简易填埋的方式。由于绝大部分这类填埋场几乎没有防渗处理措施及污水处理设备，在降雨、地下水渗透等因素作用下，垃圾中的有毒有害物质极易渗入土壤，对环境和人体造成危害。举一个典型的案例：湖北十堰市竹山县城关镇莲花村垃圾场就曾在封场后，因覆盖土层较薄，大量外露垃圾在雨水冲刷下渗漏，致使莲花村地下水受污染，农田灌溉受影响，果树死亡、农田减产，严重危害了当地村民的身体健康和生活生产。

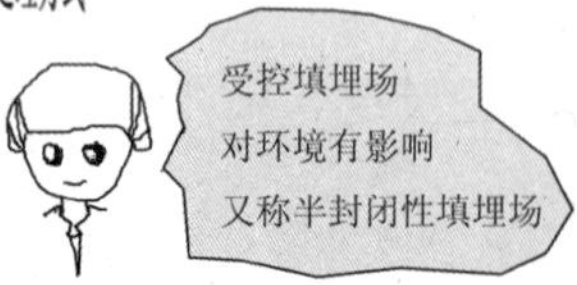

当前，简易填埋方式已经被列为即将淘汰的垃圾处理方式。

② 受控填埋场

从“受控”二字的字面意思我们就可以猜出这种填埋方式的大致情况。它的基本特征是采取部分工程措施，但是不齐全，在一定程度上并不能满足环境保护需要或符合技术规范，所以它又被称为半封闭型填埋场。这一处理方式也会对周围环境造成一定的影响。受控填埋场目前在我国的垃圾处理中约占30%，场底防渗、渗滤液处理、日常覆盖等是这一处理方式的技术瓶颈。

③ 卫生填埋场

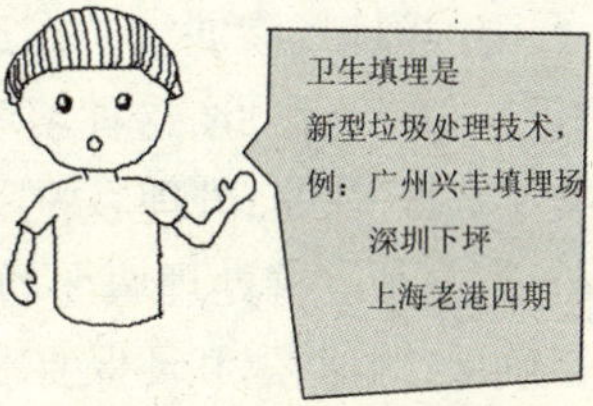

卫生填埋，这是近年来我国不少城市采用的新型垃圾处理技术。与前两种方式相比，卫生填埋不仅有完善的工程设施，而且还能够满足环保标准。前文提到的广州兴丰填埋场就是采用这种填埋方式的范例，深圳的下坪、上海老港四期的卫生填埋也做得比较好。

卫生填埋实际上是一种精细化填埋技术。这一技术要求在设计上严格选择具有适宜的水文地质结构和满足其他环保条件的场址，而且要求必须在填埋场底部铺有一定厚度的黏土层或高密度聚乙烯材料的衬层，并具有地表径流控制、浸出液的收集和处理、沼气的收集和处理、监测井及适当的最终覆盖层的设计。这样的设计可以有效防止填埋废物与周围环境接触,尤其是防止地下水污染。

卫生填埋技术还要求必须严格限制危险废物入场处置,并要求对每天填埋的废物进行压实覆盖,封场后填埋场的维护和管理则是关注的重点。

卫生填埋场也存在一些缺陷:虽然卫生填埋是将垃圾相对集中作焚烧处理,粗看起来投资和运行的费用较低,但由于填埋场占地相当大,而且大量有机物以及有害垃圾诸如电池等物质的填埋明显加大了卫生填埋场渗滤液防渗透、收集处理系统的负荷和技术难度,因此,这种填埋方式实际投资高、操作复杂、管理困难,处理后的污水也难以达标排放。此外,还必须妥善处理填埋场的甲烷、硫化氢等废气,以确保达到防爆和环保要求。

温馨提醒:

目前,住在垃圾填埋场周边的一些民众往往喜欢利用填埋场空地种蔬菜,有的是自己吃,有的还拿到菜市场出售。其实垃圾填埋场长出的蔬菜是不能食用的。因为蔬菜的根会延伸至垃圾层,吸收垃圾中分解出来的锌、汞之类重金属等有害物质,我们吃了这样的蔬菜会对健康产生不利影响,所以,建议不要在垃圾掩埋场上种菜吃,更不能将这样的蔬菜入市销售。

2. 垃圾焚烧

我国生活垃圾焚烧技术的研究和应用起步于20世纪80年代中期,2005年年底全国共有各类生活垃圾焚烧厂67座,10%的城市生活垃圾采用焚烧处理。住房和城乡建设部对上马垃圾焚烧项目的态度是主张弃小上大,2009年7月1日起正式实施的住房和城乡建设部行业标准《生活垃圾焚烧处理工程技术规范》(CJJ90－2009)淘汰了2002版标准中的日焚烧150吨以下规模的垃圾焚烧厂,同时新增加了全厂总焚烧能力每天在2 000吨及以上的特大类垃圾焚烧厂。

这里所说的垃圾焚烧不是简单地把收集来的垃圾放一把火烧掉了事,它也需要一定的技术支持和专业设施。生活垃圾焚烧设施可分为简易焚烧炉、国产化焚烧设施和综合型焚烧设施等3类。

垃圾经过焚烧后产生的热能,可用来生产蒸汽或电能,也可用于供暖。根据计算,每5吨垃圾只要处置得当可以为我们节省1吨标准燃料。不过需要强调的是,垃圾焚烧工厂必须配备消烟除尘装置,以减少向大气排放的污染物质。生活垃圾在被垃圾运输车送到发电厂后,并不是直接被拉去焚烧发电,而是必须先通过垃圾卸料平台倒入垃圾池内,发酵7天左右。因为诸如果皮、菜叶等生活垃圾富含水分,直接倒入焚烧炉后难以彻底燃烧，所以要先将垃圾倒进池内发酵，实现脱水，才能便于燃烧。这种垃圾池在整个操作过程中都是密封的，且处于负压状态，确保发酵过程中发出的臭气不会外溢。

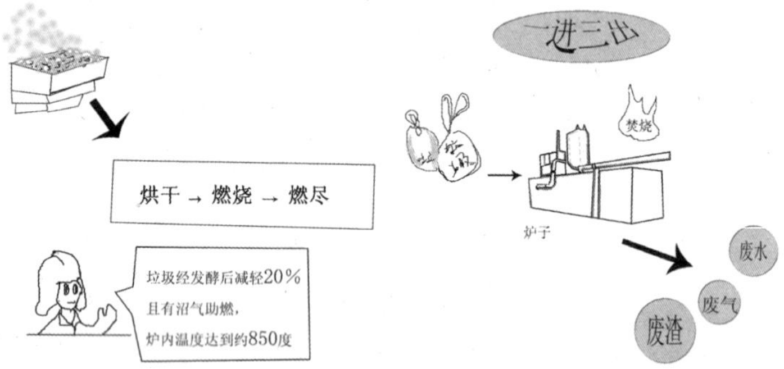

生活垃圾在池内经过发酵后，重量可以减轻20%以上，脱水后更利于燃烧。而发酵的垃圾中又含有沼气，沼气可以很好地助燃，炉内温度可达到850度左右。发酵之后的垃圾由吊车运到各焚烧炉的进料斗中，通过给料控制设备，将垃圾送到机械式炉排上。在炉排上，垃圾又将经过烘干、燃烧、燃尽等三个阶段。垃圾的焚烧是一个“一进三出”的过程，“一进”就是指垃圾进入炉子，而“三出”则是指垃圾焚烧后产生的三种废弃物：废水、废气和废渣。

既然是处理生活垃圾，在处理过程中产生的次垃圾也必须予以防范并治理。以下简单对废

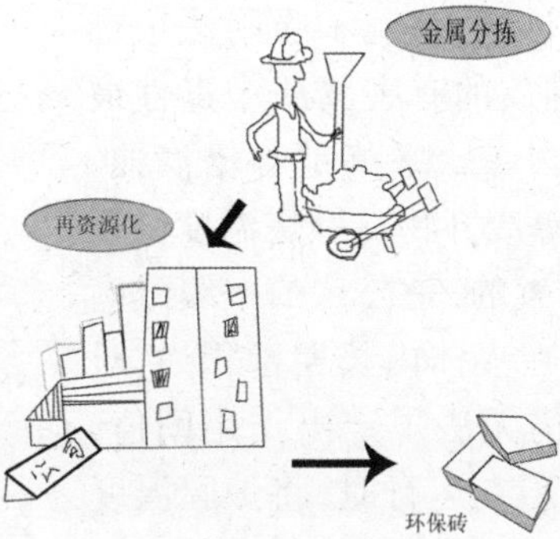

渣予以介绍。对废渣的处理一般包含两个部分:金属分拣和再资源化。因为炉渣中有些金属无法熔化,所以工作人员会对炉渣进行金属分拣,经过分拣后,金属可以继续发挥其作用;对于剩下的炉渣,则可以和其他一些公司合作,将炉渣制成环保建材,比如环保砖等,让其为建筑出力。

虽然焚烧对生活垃圾的处理较为彻底,但是垃圾焚烧后也会产生一些废弃物。据多种文献报道,每吨垃圾焚烧后会产生大约 5 000 立方米

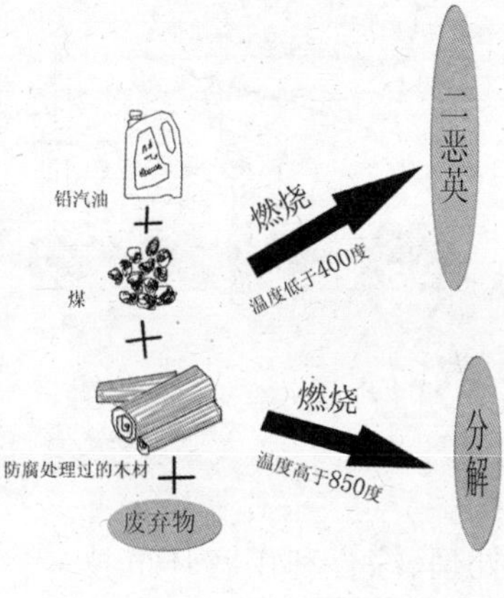

废气,还会留下原有体积 20% 左右的灰渣。焚烧炉排放的尾气中上百种主要污染物和组成极其复杂,其中含有许多温室气体和有毒物。在运转正常的情况下,当今最好的焚烧设备也会释放出数

十种有害物质，仅采用过滤、水洗和吸附法很难将之全部净化。焚烧排放的有害物质中毒性最强的是二噁英类污染物。二噁英是含铅汽油、煤、防腐处理过的木材等废弃物在燃烧温度低于400度的情况下焚烧产生的，是公认的一级致癌物，即使极其微量也能在人体内长期蓄积，它对人体的负面作用至今仍无法规定出作用阈值。目前，国内的垃圾焚烧厂在运行时，将炉膛温度超过850度作为二噁英被分解的一个指标，通过控制炉膛温度来控制二噁英的产生。

垃圾焚烧不但消灭了病源性生物和腐蚀性有机物，在高温焚烧（产生的烟雾经过处理）中产生的热能还能转化为高温蒸气，推动涡轮机转动，使发电机产生电能。

随着我国东部沿海地区和部分大中城市的经济发展和生活垃圾低位热值的提高，不少城市已将建设生活垃圾焚烧发电厂提到了办事日程，并积极组织实施，目前生活垃圾焚烧发电厂正处于快速发展阶段。

随着垃圾的回收、处理、综合利用各环节技

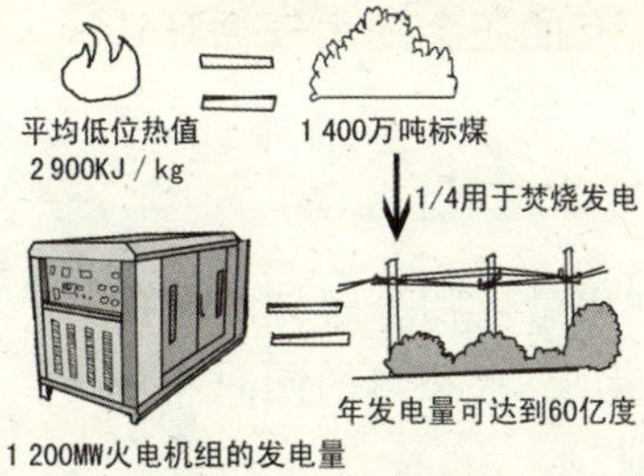

术的不断发展，垃圾发电方式很可能成为最经济的发电技术之一。若按平均低位热值 2 900 千焦/公斤计算，我国的垃圾可发热能总量相当于1 400 万吨标煤。如其中有四分之一用于焚烧发电，年发电量可达到 60 亿度，相当于安装了1 200兆瓦火电机组的发电量。2010 年初，中国固废网推出了《2010 中国城市生活垃圾行业投资分析报告》，报告预测，未来 10 年中国垃圾焚烧处理总量的比例将由现在的 2% 至 3% 上升到 10% 至 20%，垃圾发电产业的年投资额将高达 800 亿元。环境保护部中国环境规划研究院根据环保投资比例法测算，我国“十二五规划”中环保投资预期将达到 3.1 万亿元，有关固体废弃物处理的投资规模将达到 8 000 亿元，发展空间巨大。

不过，需要强调的是，在垃圾焚烧之前，如果进行了分类，就可以大大减少焚烧造成的二次污染，使兴建的垃圾焚烧电厂真正有助于保护人类赖以生存的环境，尤其是保护土地资源、水资源以及我们呼吸的空气。毕竟垃圾焚烧产生的污染物，特别是持久性有机污染物和汞等重金属的威胁是潜在的、长期的,有的还会随大气循环造成全球性污染。

3. 堆肥

堆肥处理技术是利用微生物分解垃圾中的有机成分,在析出二氧化碳、水和热的同时生成腐殖质的一种垃圾处理技术。

我国是农业大国,农耕已有数千年的历史,先民有着珍惜资源的良好传统。在古代,先民就已将有机垃圾进行简单的堆肥处理,使之发酵转化为肥料回到田间,为庄稼提供养料。但是生活垃圾堆肥也有量大、养分含量低、长期使用易造成土壤板结和地下水质变坏等缺陷,所以,堆肥的规模不宜太大。

现阶段,我国的堆肥处理垃圾技术主要有简易堆肥、好氧高温堆肥和厌氧消化等 3 种。

(1) 简易堆肥

简易堆肥的工程规模较小、机械化程度也较低,它主要采用静态发酵工艺,环保措施不需要很齐全,投资及运行费用也都比较低,因此较易于操作。这一技术在中小型城市中应用得比较多。

(2) 好氧高温堆肥

好氧高温堆肥的工程规模相对较大、机械化程度较高,一般采用动态或半动态好氧发酵工艺,有比较齐全的环保措施,投资及运行费用都比简易堆肥技术的费用要高出不少。20 世纪 80 年代初期到 90 年代中期，北京、上海、天津、武汉、杭州、无锡、常州等城市曾建有数十个好氧高温堆肥厂，但由于堆肥的质量不好，而且农村耕作方式也发生了较大的变革，堆肥制成的产品销路不畅，绝大多数堆肥厂已被关闭。进入 21 世纪后，随着堆肥技术的发展以及人们的环保理念、生活理念发生了较大的变化，有机食品大受欢迎，利用有机肥料生产有机食品又重新变成了热门话题，好氧高温堆肥方法因而在我国的部分城市重又得到了应用。

(3) 厌氧消化

厌氧消化的工程规模普遍较大，机械化程度相当高，一般采用湿式或干式厌氧发酵工艺，发酵周期可缩短至 15 至 20 天，沼气收集后可用于发电等，生活垃圾资源化利用率较高，投资及运行费用高于好氧高温堆肥，占地面积小于好氧高温堆肥。厌氧消化技术在欧洲有较多的应用实例，目前我国也已有一部分城市正在筹建生活垃圾厌氧消化处理项目。

第三章

国外生活垃圾分类收集与处理的经验

发达国家的生活垃圾处理技术已有几十年的发展历史，生活垃圾的具体处理方式也随着处理技术和经济的发展而变化。目前国外发达国家采用的生活垃圾处理方式主要有填埋、焚烧、堆肥和回收利用等。

由于生活垃圾极大的利用价值和不当处理所带来的危害，越来越多的国家认识到垃圾回收的重要性。从源头减少垃圾的产生、废旧物品的再利用、垃圾的热利用和最终无害化处理处置，是世界各国解决城市生活垃圾问题的主要措施。垃圾回收作为一种新兴产业已经在世界范围内广泛发展起来，尤其是在一些发达国家，生活垃圾的分类与回收工作做得相当好，值得我们了解和学习。

（一）日本

日本位于亚洲大陆东岸外的太平洋上，它的国民拥有很高的生活质量，人均国民生产总值超过4万美元，稳居世界前列，是全球最富裕、经济最发达和生活水平最高的国家之一。日本是世界上人均垃圾生产量较少的国家，每年只有 410 公斤；同时，也是世界上生活垃圾分类回收做得最好的国家之一。日本的总面积有 377 835 平方公里，其中土地面积 37 万多平方公里，水域面积 3 091 平方公里，领海面积 310 000 平方公里。日本是世界上填海造陆最多的国家，填海造陆的面积多达 1 600 平方公里，其用于填海的原料中有相当一部分就是处理过的各类垃圾。

日本人多地少，国土面积狭小，客观地理环境决定了其不能采用填埋垃圾的方式来处理垃圾。在日本，采用最多的垃圾处理方式就是建立垃圾焚烧发电厂，仅东京一座城市就有 20 余座焚烧发电厂，60% 的城市固体废弃物通过焚烧处理。但垃圾焚烧也造成了严重的大气污染，20 世纪 90 年代，日本空气中测得的二噁英水平是其他工业国家的 10 倍，空气与土壤中的二噁英含量均严重超标。因此，日本人又改变思路，将垃圾处理的重点由终端——怎样消灭垃圾转移至起点——怎样减少制造垃圾。为了解决这个环境难题，日本政府从垃圾的源头着手，发起了大规模的垃圾分类和回收运动，这项运动也得到了国民的信任和支持，并收到了卓异的成效。

1. 法律法规的保障

日本早在 1970 年就制定了《废弃物处理法》,后来又作了多次大规模的修改。从 1980 年开始,日本逐步建立起了一套近乎苛刻的垃圾分类制度。1990 年,日本制纸联合会为防止二噁英类物质的污染,制定了《纸浆制造业自主限制方针》;1991 年制定了《再生资源使用促进法》,即《再循环法》;1995 年制定了《关于促进容器包装分类收集及再商品化法律》,即《容器包装再循环法》,该法于 1997 年实施;1998 年制定了《特定家庭用电器再商品化法》,即《家用电器再循环法》,从 2001 年 4 月实施;2000 年制定了《推动建设资源再循环型社会基本法》《建筑工程材料再循环法》《食品循环资源再生利用促进法》等,这 3 项法规均从 2001 年开始实施。自 2000 年起,日本先后颁布实施了《家电回收法》《食品回收法》等与垃圾减量相关的法律,以个人与家庭为单位,力求从源头上减少垃圾,实行垃圾分类。日本政府对垃圾回收的重视度和日本全民对垃圾回收的热情都很高。初到日本的外国人,都会被日本严格细致的垃圾分类所折服。2008 年,东京的垃圾年产量相比 20 年前减少了一半。同时,由于实行了严密的分类措施,现有的垃圾焚烧厂所燃烧的垃圾已经完全剔除了塑料等化学制品,从而大大降低了焚烧所造成的有毒气体排放量。

日本的生活垃圾分类规定

细心的日本人通常将垃圾分为4类：

第一类：一般垃圾

包括厨余类、纸屑类、草木类、包装袋类、皮革制品类、容器类、玻璃类、餐具类、非资源性瓶类、橡胶类、塑料类、棉质白色衬衫以外的衣服毛线类。

第二类：可燃性资源垃圾

包括报纸（含传单、广告纸）、纸箱、纸盒、杂志（含书本、小册子）、旧布料（含毛毯、棉质白色衬衫、棉质床单）、装牛奶饮料的纸盒子。

第三类：不燃性资源垃圾

包括饮料瓶（铝罐、铁罐）、茶色瓶、无色透明瓶、可以直接再利用的瓶类。

第四类：可破碎处理的大件垃圾

包括小家电类（电视机、空调机、冰箱/柜、洗衣机）、金属类、家具类、自行车、陶瓷器类、不规则形状的罐类、被褥、草席、长链状物（软管、绳索、铁丝、电线等）。

还有一种分类方法是将垃圾分为8类。

第一类：可燃垃圾

包括厨房垃圾（菜叶、剩菜剩饭、蛋壳等“生垃圾”），不能再生的纸类（餐巾纸、面积大于明信片的纸张等“资源垃圾”），木屑及其他

（小棒棍、草纸、烟头、湿毛巾、尿不湿、宠物粪便、宠物用灰沙、干燥剂、抗氧化剂等）。

处理方法：厨房垃圾需要沥干水分用报纸包好，棍棒类砍成约50厘米的长度捆牢，食用油或废油需要用抹布擦干净，瓶类的瓶口用报纸封堵，牛奶盒尽量放到设在超市门口的回收箱。

第二类：塑料瓶类

包括装饮料（果汁、茶、咖啡、水等）的塑料瓶，装酒类（日本酒、烧酒、料酒等）的塑料瓶，装酱油、食用油、沙司、洗洁精等的塑料瓶。属于"可回收塑料"。

处理方法：拧开瓶盖，揭去塑料商标，用水洗净瓶内，压扁瓶身，装入透明或半透明塑料袋里。

第三类：可回收塑料

包括装商品的容器或包装蛋糕、蔬菜、方便面的口袋，装洗发水或洗洁精的瓶子，蛋黄酱塑料瓶，牙膏管，装洋葱或橘子等的网眼口袋，超市购物袋。

处理方法：洗净并撕下附着在口袋上的东西，剪开蛋黄酱或番茄酱的塑料瓶将会利于清洗，瓶罐的塑料盖也属于可回收塑料。上述垃圾以及装食物的发泡包装尽量回收到设在超市门口的回收箱。

第四类:其他塑料

包括容器、包装袋以外的塑料、录像带、CD及其盒子、洗衣店的口袋、牙刷、圆珠笔、塑料玩具、海绵、拖鞋、鞋类、布制玩具等。

处理方法：含有金属或陶瓷的物品属于“不可燃垃圾”,软管类垃圾则需要剪成30厘米的长度。

第五类:不可燃垃圾

包括陶瓷类如碗、陶瓷、砂锅等,小型电器如熨斗、吹风机等,其他如耐热玻璃、化妆品的玻璃瓶、保温瓶、溜冰鞋、雨伞、热水瓶、电灯泡、一次性取暖炉、一次性和非一次性打火机、铝制品、金属瓶盖等。

处理方法:耐热玻璃、化妆品瓶与其他玻璃的熔解温度不同,故不能一起回收,必须归为“不可燃垃圾”。一次性打火机内的燃料必须用尽。

第六类：资源垃圾

包括纸类如报纸、宣传单、杂志、蛋糕包装盒、信纸、硬纸箱等,布类如旧衣服、窗帘等,金属类如锅、金属制罐子、空罐子等,玻璃类如酒类、醋、酱油瓶、威士忌酒瓶、玻璃杯、啤酒瓶、玻璃渣等。

处理方法:硬纸箱需要折好,报纸杂志等用绳索捆牢;喷雾器瓶子中的内容物必须用尽,在无火且通风的地方将瓶身凿开若干小孔,啤酒瓶尽量返还商铺。

第七类:有害垃圾

包括荧光棒、干电池、内装水银体温计等。未使用水银的体温计属于“不可燃垃圾”。

处理方法:有害垃圾必须与资源垃圾分别装入不同的垃圾袋,垃圾口袋上必须注明“有害”字样。充电电池尽量回收到商铺的回收箱。

第八类:大型垃圾

包括《家电回收法》规定范围内的电器如空调、电视、冰箱、洗衣机、冰柜等,家具、家用电器如柜子、被褥、电磁炉、炉子等,其他如自行车、音箱、行李箱等。

处理方法:大型垃圾需要打电话预约,并支付一定的“处理费”。

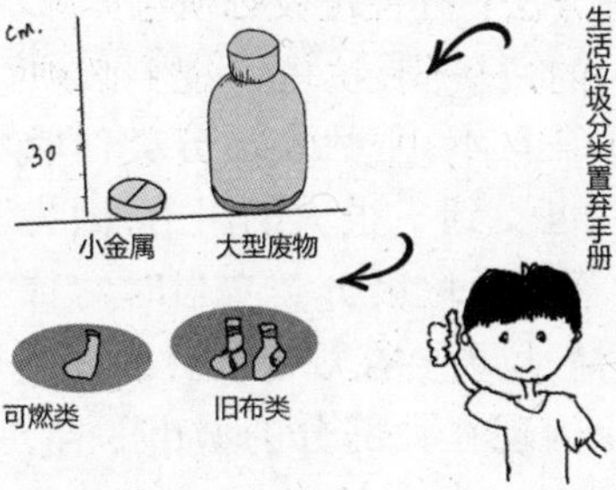

2005 年,横滨市更是把垃圾类别由原来规定的 5 个种类提升为 10 类,并给每位市民发放了长达 27 页的《生活垃圾分类置弃手册》,手册的条款有 518 项之多。横滨市的这本“垃圾分类大全”中规定高度不超过 30 厘米的铁罐属于小金属,超过 30 厘米的属于大型的废物;口红属可燃物,但用完的口红管属小金属物;水壶属金属物,但 12 英寸以下的属小金属物,12 英寸以上则属大废弃物;单只的袜子属可燃物,若为两只并且“没被穿破、左右脚搭配”则属旧衣料;领带也属

旧衣料，但前提是“洗过、晾干”。不过，这种分类标准与德岛县上胜町的分类法相比，那就是小巫见大巫了。该町已把垃圾细分到44类，并计划到2020年实现“零垃圾”的目标。横滨的《生活垃圾分为类置弃手册》很快就收到了效果，在随后的5年内横滨市再循环的垃圾量就达到了总量的80%，小册子对横滨市环境的贡献价值更是远远超过了这个可以统计的数字。

2. 日本实行生活垃圾分类的具体措施

当然，在日本，生活垃圾分类回收工作刚开始的时候，也受到了很大的阻力，因为不是每个人都很愿意进行垃圾分类。当时的日本大街上没有垃圾桶，垃圾要在规定的时间放到规定的地方，就和我国现在大部分的城市一样，一般小区门口都有一个小的垃圾场，各家各户把垃圾扔在那里，由垃圾清理工运到大的垃圾场去。这样的话就搞不清楚是谁家没有进行分类，于是为了加强管理，日本政府就想了一个办法——由专门的工作人员上门收垃圾。除了居民点，大多数的公共场合也设有漂亮的大垃圾箱，供存放分类垃圾之用。

分类垃圾由专人回收后，其中的废报纸被送到造纸厂，用以生产再生纸——日本很多人都以名片上印有“使用再生纸”字样为荣，有不少公厕用的手纸也印有“再生纸”字样；饮料容器被分别送到相关工厂,成为再生资源;废弃电器被送到专门公司分解处理;可燃垃圾燃烧后可作为肥料;不可燃垃圾经过压缩无毒化处理后可作为填海造田的原料。日本商品在包装盒上就已注明了其属于哪类垃圾,牛奶盒上甚至还有这样的提示:要洗净、拆开、晾干、折叠以后再扔——这些提示为民众执行垃圾分类提供了明确的指导。

在日本,每户家庭的墙上都贴有两张时刻表,一张是电车时刻表,另一张就是垃圾回收时间表,因为一周 7 天中每天收的垃圾种类都不一样。每年 12 月份,日本的每一家住户都会收到一张来年的特殊“年历”:每月的日期都用黄、绿等不同的颜色来标注,每一种颜色代表哪一天可以扔哪种垃圾。比如,厨房垃圾每周三和周五才能扔。“年历”上还配有各种有关垃圾分类知识的漫画,告诉人们不可回收的垃圾包括哪些,可回收的垃圾包括哪些。

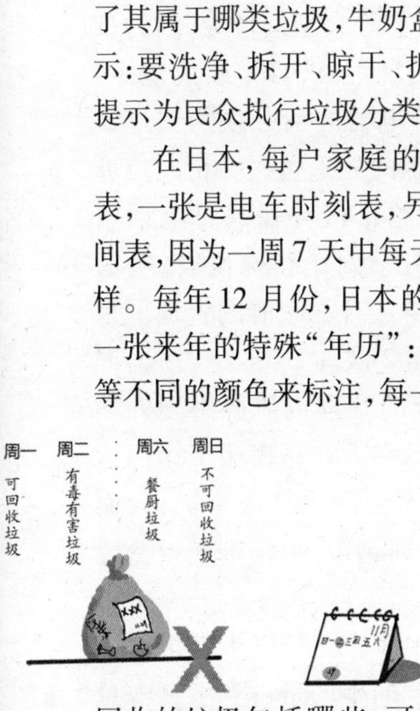

如果不严格按照规程分类操作、不按规定时间放到指定地点的话,将面临巨额罚款。比如在东京都港区,规定每周三、六上午收可燃垃圾,周一上午收不可燃垃圾,周二上午收资源垃圾;很多社区规定早上 8 点之前扔垃圾,有的则放宽到中

午，但都是当天就拉走，这样可以避免垃圾存放过久污染环境或引来害虫和乌鸦。

如果居民不小心搞错日期，垃圾就会被工作人员贴上标签并拒绝收走，这袋垃圾会在家里再呆上好几天。对于旧电器等大型的垃圾，因为难以回收并很容易造成环境污染，日本政府规定，居民想要扔掉这类大型电器的话必须购买垃圾券，也就是必须支付一定的处理费用。粗大垃圾则不能随便丢弃，而应给市区环保局打电话来拉，也要交付一定的费用。对于特殊垃圾（会污染环境的物品，如电池类），日本政府的管理更是严格，一个月只回收 1 至 2 次。

日本人对超市垃圾的处理也值得中国人学习。以白色饭盒为例，日本人在超市买了用白色饭盒装的食品回家后，不会随手把饭盒扔掉，而是在使用后把饭盒再交回超市，由超市把饭盒统一返还给厂家进行再利用。目前，日本一共有 40 个生产饭盒的工厂，其中 8 家工厂既生产饭盒又回收饭盒，而这 8 家工厂的生产量占到了日本总饭盒生产量的 90%。

日本公民认为将生活垃圾妥善分类是“国家规定，公民必须执行”的义务，反之便是违法、违背道德的事情。虽然日本偶尔也有偷偷丢弃粗大垃圾的现象，但由于一旦被发现就会被罚款，甚至遭到起诉，所以国民基本上都能自觉地遵守垃圾处理的规定。

事实上,减少生活垃圾最关键的还是在于居民的理解和配合。日本政府很重视这方面的教育和宣传。环保部门往往通过学校教育、社会教育的途径来提高居民的垃圾回收意识。

一些学校还邀请垃圾处理公司的员工开着垃圾车为学生实际演示清理垃圾的操作,并且指导学生进行垃圾分类比赛,让参加者从一堆废弃的饭盒、破旧衣物、啤酒饮料瓶等生活垃圾中快速分拣出可燃垃圾、非可燃垃圾和资源类垃圾,对优胜者给予奖励。学校有关负责人认为,邀请环保部门来校讲课,不仅可以使学生学会垃圾的正确分类方法,同时也使学生认识到保护环境从自己做起的意义。日本进行了 10 年的生活垃圾分类全民教育,年年讲、月月讲,还通过学校教育,由小学生来教育成年人,使得爱护环境、主动做好生活垃圾的分类成为日本民众的常识。

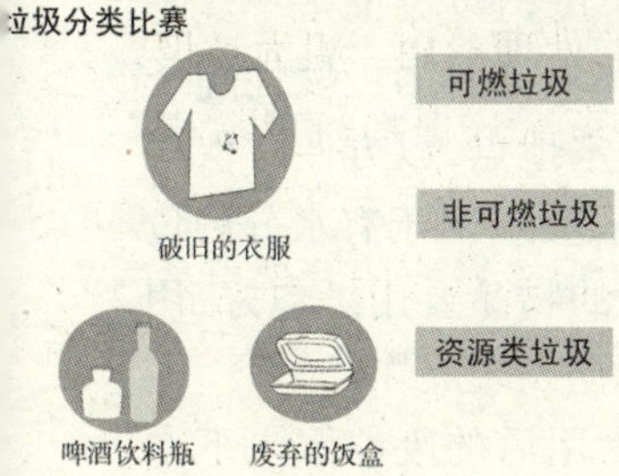

日本政府的垃圾分类宣传也几乎是“无孔不入”。一个社区如果来了新入住的居民,一般在第一天就会收到有关垃圾分类的说明和扔垃圾的时间表,上面还有中、日、韩、英 4 种文字说明

和彩色漫画图示。

3. 生活垃圾分类已成为日本人的共识和行为规范

日本政府通过多年的努力,已经在民众思想中建立起了牢固的生活垃圾观念,在日本,如果不按规定扔垃圾,就可能受到政府人员的劝说和周围舆论的压力。日本居民扔垃圾也是一丝不苟,非常严谨:废旧报纸和书本要用可燃性绳子捆得非常整齐,并放在指定地点,以方便环保工人搬运和拉到造纸厂重新造纸;对于有水分的垃圾则将之控干水分,锋利的物品要用纸包好,用过的喷雾罐要扎一个孔以防发生爆炸。

日本政府严格禁止食用后的废油倒入下水道,因为油对水的污染比粪便还严重。在日本的垃圾分类规定中,烹饪废油也属于可燃垃圾,不能倒进下水道,必须浸入废纸或废布,或者用凝固剂定型后处理。在大型餐饮场所,有专门的公司用专用车到饭店回收废油,但是要饭店和食堂交一定的回收费用。日本人十分自觉,绝不会偷偷将废油倒入下水道,他们甚至在刷洗炒菜锅时都是先用餐巾纸擦拭锅中废油后再刷洗。日本有一家废油处理公司,他们的工作就是将废油提炼成柴油及各种化妆品的原料。这家公司还在沙化地带种油菜,再用菜籽炼成食用油或生物柴油,这样就可以减少石油的开采和使用,既节约了资源,又净化了环境,可谓用心良苦。

个人和家庭把生活垃圾进行分类投放,只是垃圾处理的第一步。垃圾处理的第二步是回收垃圾的车辆分类运输,有专门运输报纸、杂志和包装纸盒的车辆,也有专门运输罐头、玻璃瓶和塑料瓶的车辆等。第三步是最终处理垃圾的工厂,这些工厂各有分工,有处理可燃垃圾的、有处理塑料瓶的、有处理家用电器的,还有处理医用垃圾的,等等。

在日本,市民如违反规定乱扔垃圾,就是违反了《废弃处置法》,会被警察拘捕并课以 3 万至 5 万日元的罚款。但垃圾分类投放已经成为日本民众家庭生活中的一部分,即使没人监督也会自觉执行,所以,被罚款的现象也并不常见。

从 1989 年到 2004 年,日本持续出现垃圾负增长,15 年间少产生了 700 多万吨垃圾,节省的直接费用达 76 亿美元,这组数字足以证明日本垃圾分类回收取得的成效和对环境的贡献。

(二)美　国

美国是一个由 50 个州和一个联邦直辖特区组成的宪政联邦共和制国家,东濒大西洋,西临太平洋,北靠加拿大,南接墨西哥。美国是个多文化和民族多元的国家;国土面积超过 962 万平方公里，位居全球第四；人口总量超过3亿，居世界第三。美国的国内生产总值超过全球20%，其在经济、政治、科技、军事、娱乐等诸多领域的巨大影响力均领衔全球，是目前世界上唯一的超级大国。

美国是一个城市化水平极高的国家，2005年时约有81%的人口居住在都会区中。物质生活的高度发达使美国成为垃圾生产大国，生活垃圾的回收也成了市政部门关注的重点。

1. 相对完善的生活垃圾分类处理系统

1976年，美国颁布了《资源回收利用法》，强调对废弃物加以回收和循环利用。20世纪80年代末开始建立路边资源垃圾分类回收系统，目前已有44个州制定了有关垃圾分类的法规，要求居民将垃圾分类投放，以配合垃圾的资源回收再利用和减量化行动。美国纽约的垃圾分类制度则开始于1986年。为便于民众分类，纽约市政府规定，在学校、机关等地垃圾桶分蓝色和绿色。凡纸类垃圾都应放在蓝色桶中，而瓶子、罐头等则放在绿桶里。秋季的落叶和冬季的圣诞树等则会在特定季节由专人回收，比如到秋季时，市政府会明确要求居民把落叶装入纸垃圾袋中，按指定时间放在房屋前，由垃圾车收走。旧金山市从1989年开始大力推行垃圾的分类收集，将垃圾分为可回收垃圾和普通垃圾两大类；西雅图市从1988年开始实施垃圾的路边分类收集，垃圾分为可回收垃圾和普通垃圾两大类；洛杉矶市2000年提出了垃圾减半的目标，开始实行新的垃圾分类收集方法，由原来的两类分法改为三类，即可回收垃圾、植物类垃圾和普通垃圾。美国在每个焚烧厂房都配有资源化中心，将那些不燃性垃圾、大块垃圾按可燃物、不燃物、有价物铁、铝进行破碎分拣，尽量减少填埋场的垃圾容量，并力求资源的再生利用。

在美国，如果想分类处置垃圾，只要联系当地的垃圾回收处理处，对方就会免费给申请人派发“垃圾回收箱”，效率奇高，非常便民。通过查询当地垃圾回收处理处的网站，就可以找到非常多的垃圾回收信息，哪些可以回收、哪些不可以、怎么回收等疑问，打开网页就全部有答案，这类网络就像个百科全书，只要是和垃圾分类有关的问题基本都可以在这里找到答案。除了网页能提供专业信息外，垃圾回收处理处还会寄发小册子解答市民疑问。

在美国，可以回收利用的家庭垃圾如废纸、玻璃瓶、塑料等都可以全部放到同一个回收箱里。垃圾回收车每周会上门收一次，垃圾拉回回收站后工作人员还会作二次回收分类处理，即将所有可回收的垃圾统一送到一条传输带上，上面有很多机器吊臂会先把金属物质吸走，剩下的纸、胶瓶或玻璃瓶，工作人员就在传输带边迅速进行人工挑选分类，以便回收再生。

纽约市的垃圾分类指导非常周到而详尽：比如在电话电讯公司的黄页号簿中刊登了纽约市有关垃圾回收的立法以及具体操作办法，还有一行大字："居住在曼哈顿岛上的所有居民有义务参加纽约市的垃圾回收计划，这是纽约市法律的要求。"此外还有一幅年历，上面用粗体字标出了一年中所有可回收垃圾的回收日，还刊出了一幅绘制精确的曼哈顿岛地图，图中仔细标明曼哈顿岛上每一个地区的固体垃圾回收日。另外，黄页上还告诉居民，什么垃圾是可回收的，什么垃圾是不可回收的，要求居民将可回收的物品放进蓝色塑料袋或者环卫系统统一设立的有"回收"字样的蓝色塑料桶里。到了可回收垃圾日，市环卫系统就会派专人开车来收集。反之，如果在生活垃圾中发现可回收垃圾，只要环卫部门深究，丢弃者很有可能被罚款，因为纽约市的法律规定生活垃圾是必须回收的。

政府发放
可回收垃圾垃圾桶

对于对环境污染特别大的电子废品，如电脑、电池、手机等，现在美国的一些商家也开始推出了“便民政策”。比如 Target 商店里除了设有一般的垃圾回收箱，还设有手机回收箱。顾客到 Best buy（百思买）购买电脑也能享受到免费回收旧电脑的服务，省去了要找专门部门回收的麻烦。商场里会向购物者提供回收计划，在顾客购物的时候顺便做回收，或者是做回收的时候顺便去购物，可以说做到了双赢。

家庭中的大型废品也是需要专门处理的。例如，装修产生的大量废木板、石灰之类的垃圾就不可以拉到路边等垃圾车来收，因为就算垃圾车来了也不会把它们拉走，而如果随便放置在路边的话还会遭到罚款。唯一的方法是租用大型垃圾装卸卡车，卡车容量根据需要有很多选择，大型的容量约为 1 吨，费用为 200 美元 1 个，租用公司会派出专人开着卡车来拉走这些建筑垃圾进行处理。

在美国，生活垃圾分类已深入到人们的生活中并成为人们的共识。大街上，五颜六色的垃圾桶随处可见；小区里，很少开辟集中的垃圾场。美国采用的办法是：小区或者个人跟垃圾处理公司签订合同，每月支付一定的费用，垃圾由垃圾公司收走。政府鼓励民众把可回收垃圾分拣出来，为此还发放专门的垃圾桶，而放置生活垃圾的垃圾桶则需要自己购买，或者按照与垃圾公司的合同由垃圾公司提供。这项服务每个月收费

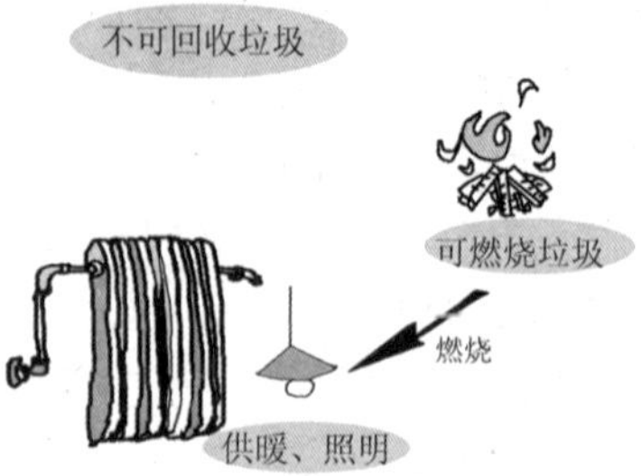

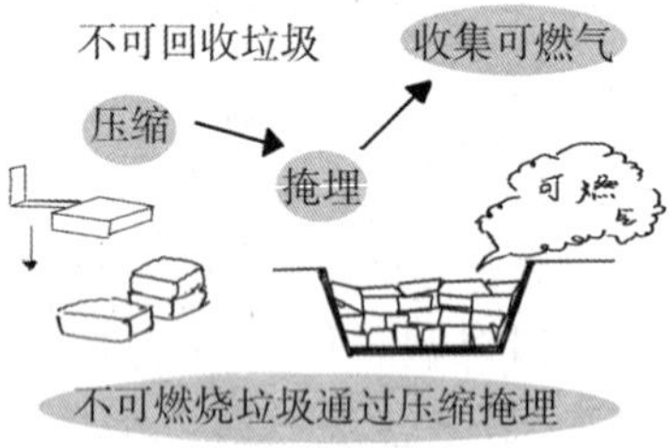

20 多美元,如果每周收两次生活垃圾的话,会更贵一些。算下来,一户普通家庭每月为了废水和固体垃圾而交的费用大约有五六十美元。当然,不同的小区情况略有不同,但浮动也不会太大。垃圾车把收来的垃圾集中到一起,然后进行处理。垃圾中有用的东西,比如纸张、塑料、玻璃、金属等,会被分出来进行回收利用。而剩下的部分中,可燃烧垃圾会送到垃圾焚化中心燃烧,产生的热量可以用来为附近的居民或工厂供暖。最后剩余的部分会被压缩,送到垃圾掩埋处进行掩埋。这些垃圾被埋之后,还会产生天然气,现在的技术趋势之一就是收集这些天然气,从而实现垃圾向生物燃料的转变。

可以看出,美国的垃圾回收和处理已形成一套比较完整的体系。同时,政府也不断完善生活垃圾分类的细化与回收过程的流水化。例如,华盛顿州金县积极推进餐厨垃圾分类收集,在庭院垃圾路边分类收集的基础上,增加了餐厨垃圾及纸盒、纸板类垃圾的分类收集;收集到的餐厨垃圾会被送到县堆肥处理中心进行堆肥。

2. 值得借鉴的生活垃圾处理收费制度

美国生活垃圾分类制度中有一个亮点值得我国关注和借鉴,这就是生活垃圾处理收费制。

美国的垃圾除 32% 得到回收和 7% 被焚烧外,其余均为填埋。在跨世纪之交的 10 年间,美国的垃圾量增加了 1.5 倍,填埋垃圾的大小场地达到了 2 000 个以上,大有垃圾包围城市之势。一般说来,填埋垃圾占地多,腐烂慢,一个垃圾场填满后,垃圾要经过 100 年至 150 年左右才能完全腐烂。不仅垃圾中的气体和污水难以处理,而且随着城市规模的扩张,有些早年地处郊外的垃圾场后来处于市中心的地段,影响市容环境,因此,垃圾填埋方式不被看好。也正因为这些因素,美国有不少城市的垃圾填埋场采取的是收费制。旧金山市政部门规定,不论是垃圾车收集的垃圾,还是私人汽车运来的家庭垃圾都必须收费。废物处理场收取的费用根据每周期承运者运载的卡车数或体积计算，由普通基金作为直接的用户费转来或作为津贴拨来。将垃圾进行沼气收集后，沼气的出路有两条：在大型垃圾场内，沼气收集后可用于发电；而在一些小垃圾场内，沼气产生量较小，不足以用来发电的，则通过一种燃烧装置将其烧掉。

虽然美国各州甚至是州下属的各个城市的垃圾收费政策各不相同，但总的来说，减少垃圾量已经是许多地方政府的目标，目前一些州已经实施了垃圾计量收费。旧金山提倡市民在丢弃垃圾时首先将垃圾分类，按可循环类、肥料类和废物类将生活垃圾分开放在3个不同颜色的垃圾桶内。为了推广垃圾分类，旧金山在加强宣传之外，还采取了垃圾费区别收取的方法。普通垃圾费是按丢弃量计算的，一户人家每月扔的垃圾多，垃圾费就高，反之则低。如果居民按照垃圾分类丢弃垃圾，收取垃圾费时就可以按比例打折。这种办法在推广生活垃圾分类上比纯粹作概念上的宣传有效得多，提供分类垃圾的市民和商家因为能享受垃圾费打折的优惠，所以积极性很高。

此外，城市建设规划也与垃圾处理挂钩。旧金山市很早以前就制订法规规定，房产商在拆除和开建一座建筑时，不仅要有城建部门的批文，还要到环保部门签订垃圾处理责任书，同时缴纳一笔押金。房产商不仅要负责把建筑垃圾分类，还要运送到建筑垃圾处理场，并向垃圾处理场支付建筑垃圾处理费。只有房产商将所有建筑垃圾按此方式处理完毕后，才能领回押金。垃圾处理场则将建筑垃圾中的金属、玻璃、木材等重新利用，混凝土则在被碾碎后用于铺路基。

生活垃圾处置收费制度在美国收到了比较好的成效。2005 年，美国加利福尼亚州的垃圾回收转化率已接近 50%，其中旧金山市更是已经达到 68%。旧金山的目标是在 2020 年基本做到“零垃圾”。

美国在生活垃圾的处理上是十分严格的，尤其是分类处理，废旧电器物、有机生活垃圾、瓶罐书本杂志、大件废旧生活用品是分别收集的，这些废弃物在奥伯尼市、怀特普莱斯市、索默斯镇等住地都有严格的分类要求。美国人也严格恪守垃圾处理规定，除了自律外还监督他人，一旦发现有违规者，“好事者”就会去举报，环卫部门视情节轻重处以高额罚款。

在美国，一般居住地会有专门的工作人员上门收垃圾，大多是一周一次。比如在爱荷华州、密苏里州和新泽西州、明尼苏达州等一些地方，垃圾必须用专门的垃圾袋装好或是需要贴上专门的垃圾标签，才有人回收；而且这些垃圾袋和垃圾标签都需要出钱购买。也就是说，扔一袋垃圾花的钱肯定比扔两袋垃圾更少,这种措施可以鼓励人们少扔垃圾。此外,政府还采取了种种办法鼓励人们参与垃圾处理工作,比如在明尼苏达州,如果市民积极参与垃圾回收的工作,扔垃圾的费用就可以打折。

许多城市靠收税解决垃圾处理的费用问题,但垃圾分类在美国还是得到了广泛认同。例如弗吉尼亚州规定,生活垃圾和可回收垃圾必须分开来扔。哪怕一只小小的塑料盒子上,也会画着可回收的标签。大多数人都非常自觉地把报纸、玻璃瓶和塑料放到专门的垃圾桶里。

为了让人们享受到垃圾分类回收的好处,一些地市政府的垃圾回收站专门利用生活垃圾制成营养土供人们免费拿取,这些营养上可是栽花种草的好原料。因此,可以说,收费也好,分类也好,想办法给人们创造更好的生活才是美国垃圾收费和分类的最终目的。

以大都市纽约为例。与世界上任何一个大都会一样,城市垃圾问题是纽约市市政管理者面临的头疼问题。纽约每年制造垃圾 2 400 万吨,一半来自居民的生活垃圾。每一个纽约人平均每天出产垃圾 5 磅(约 4.5 斤),这个数字是日本和很多欧洲国家居民每天丢弃垃圾重量的两倍。在纽约,垃圾处理被称为“垃圾管理”。只要在大街上走一趟,就可以看到马路的两旁堆放着一些写有“垃圾管理公司”字样的黑色或深褐色垃圾集装箱。垃圾管理公司是一家全美闻名的垃圾收集和运输公司。它在 20 世纪 90 年代成功地收购了上百家小型垃圾运输公司和化学垃圾处理公司。目前这家公司的股票已经上市,且业绩不俗。

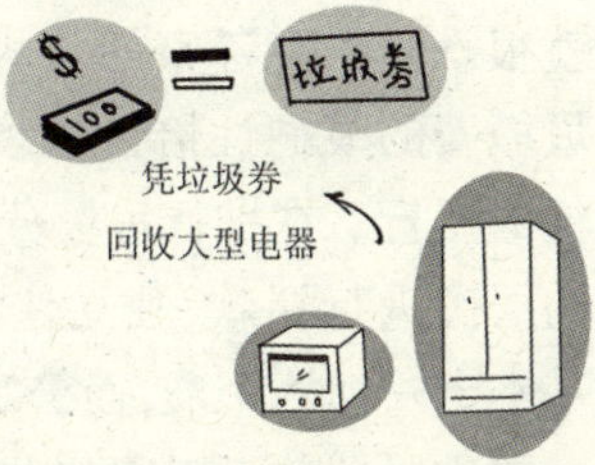

还有旧电器等大型垃圾的处理,由于这些电器对环境的危害很大,要请垃圾公司收走的话居民必须支付一笔处理的费用,所以对于美国居民来说,旧的电器不仅卖不出什么钱来,还得付钱才能让人拿走。如果电器只是年久老旧但还能使用,捐给慈善机构是比较好的办法;或者在购买新产品的时候,把旧电器交给商店处理。许多商店也把回收废旧的大型家电当做购买新产品的优惠。

3. 民众的积极参与

当然,垃圾处理最重要的还是居民的配合,只要居民们自愿对垃圾进行分类,为垃圾回收付费,把这看做像喝自来水付费一样天经地义,垃圾分类收集就不是难题了。在美国,各城镇居民的垃圾处理都是要个人掏腰包的,而且,许多缴费是按照每天各户处理的垃圾量,或按桶或按袋来收费的。制度中或许并没有垃圾实名制这一规定，可是，清洁工人要上门收垃圾这一行为本身就已经衍生了实际的实名制。尽管实名制是客观存在的，但是，收费的明晰程度是不同的。独立住宅门前的垃圾量容易测算，而且，容易分清哪些垃圾是谁家的，但公寓式住宅产出的垃圾就很难分得清各家的垃圾及垃圾量了。这种垃圾缴费的模糊性恰恰也模糊了公民垃圾分类责任的履行。在推行垃圾分类的城市，都对不分类的居民进行罚款，独立住宅的公民如果不分类，基本上一抓一个准，而公寓式住宅的公民似乎就容易逃脱罚款。正因如此，才导致接受垃圾分类习惯的速度不同。

美国从官方到民间对于垃圾分类收集的宣传为当地环境管理的贡献可谓功不可没。在纽约，只有 17% 的城市住房垃圾进行了回收，同时，纽约具有全美最大的公共住房系统，约有 40 多万人居住在 2 600 多幢公共住宅楼房中。调查显示，关注环保在低收入人群中最为广泛，因为该群体首当其冲面临着空气污染问题。比如尽管美国垃圾回收是法律规定的行为，但几年前在纽约的格兰特将军社区垃圾分类回收却很难施行，因为那里的垃圾箱放置在人们投放不方便的地方，而且居民很容易就忽略掉垃圾回收标志。为此，2007 年起，社区便有住户带头发起了垃圾分类收集知识推广活动,还招募了志愿者,他们顶着被住户责骂和拒绝开门等压力,挨家挨户地向邻居们传播垃圾回收的知识,志愿者们还分发用不同颜色作为标记的回收不同种类垃圾的袋子。与此同时,纽约公共住房管理机构也在行动,机构利用联邦政府经济刺激方案中的资金,置换公共住房社区低能效的老式锅炉、热水器和其他家用电器等。还组织了20多个小型居民“绿色委员会”,帮助推行植树项目,招募绿色环保工作人员。格兰特将军公共住房社区从2007年启动垃圾分类回收项目,两年后就收到了一定的效果。2009年,社区已经有5栋楼房的居民进入垃圾回收运转。每栋楼房每天产生的生活垃圾至少减少10袋,居民们也不再像没有接受回收宣传之前那样,乱扔捕鼠器或车胎到垃圾回收箱了。

经历几乎整整一代人的努力,美国大大小小的城镇都已经实现了垃圾分类。据了解,经过家庭的分类处理,美国垃圾的最终走向是:回收利用(包括直接回收、路边分类、堆肥、综合利用等)占50%,填埋占40%,焚烧占10%。

(三)瑞　士

瑞士位于欧洲中南部,是一个多山的内陆国,国土面积只有4万多平方公里,相当于6个广州市的面积。瑞士是全球最富裕、经济最发达和生活水准最高的国家之一，人均国民生产总值居世界前列，旅游资源丰富，有世界公园的美誉。两个著名的全球性都市苏黎世和日内瓦分别被列为世界上生活品质最高城市的第一和第二名。瑞士的山间、村边、湖滨，到处都是绿色。无论是居民的房前屋后，还是城市的道路两旁，举目随处可见合抱粗的参天大树，洁白的雪，绿色的草，墨青的树，几何形的尖尖的房屋，仿佛是童话世界。

1. 规范的管理

瑞士是一个联邦制国家，由 26 个州组成，州内设地区，全国有 3 000 多个地区，国家机构也按国家、州和地区设置。瑞士中央政府由 7 个部组成，其中一个是环境、交通、能源和通讯部，瑞士环境森林风景局隶属于该部。瑞士环境局下设废物管理司，司里设有 3 个处，分别是垃圾处理设施处、包装与消费品处、工业与手工业废物处，共约有工作人员 20 人。各级政府分管垃圾处理部门的侧重点不同：联邦政府主要的职能是立法和规划，过去还主管项目的融资，目前这个职能已推向市场；州政府主要执行联邦政府的立法，同时还承担有项目的规划、建设和融资工作；具体的环卫作业由区级政府负责，作业的费用由国家承担转向污染者付费的原则收取。瑞士与城市垃圾处理有关的法律法规及政策主要包括联邦环保法、垃圾处理技术政策、饮料包装条例、电子产品回收及处置条例等。

瑞士的城市生活垃圾大部分是通过焚烧方式处理的，目前瑞士全国有 28 个焚烧厂，焚烧处理成本约为 150 至 300 瑞郎/吨（填埋处理成本约为 120 瑞郎/吨），焚烧量约占 80%，还有约 15% 的残渣、废物进入填埋场。2001 年，瑞士政府颁布《填埋禁入法》，禁止城市生活垃圾直接进入填埋场进行填埋，城市生活垃圾由末端处理转向源头治理，形成倒金字塔的管理模式，城市生活垃圾必须经源头减量、分类收集、分类处理、资源充分利用以后，形成最终的惰性物质，才能进行填埋处置。

瑞士城市生活垃圾的回收率在 1985 年到 2000 年间有了很大的提高，目前已经达到了较高的水平。特别是纸张的回收量，2000 年为 113.7 万吨，回收率达到了 64%。2010 年春，《读者文摘》对 16 个欧洲国家的 32 000 名民众进行调查，瑞士有 1 336 人参与了调查，其中 94% 的人表示自己会对家务垃圾进行分类，而欧洲其他国家的该项数据只有 82%；70% 的欧洲人表示会避免使用对环境有害的产品，而 87% 的瑞士人会这样做。调查表明，在瑞士，进行垃圾分类、降低生活垃圾对环境的危害的观念已深入人心。

2. 给力的生活垃圾分类知识宣传

瑞士人能有如此强的生活垃圾分类能力,教育与宣传的作用不可小觑。在瑞士,促进公民的环保意识是国家环保政策的一大基本指导思想,各级政府官员和民众都有极强的环保意识。无论老幼,瑞士人一般均能自觉进行垃圾分类。瑞士的小学设有环保课,专门教孩子们怎样给垃圾分类,让孩子们从小就懂得与其将废物白白扔掉,不如回收利用,分类丢弃垃圾能够节省资源的道理。比如老师会在课上用图片演示易拉罐的生命周期,每张图片表示一个阶段,从最初的铝元素到铝矿,接着提取原料制成易拉罐,从加工厂、饮料灌装车间到超市,最后到废弃易拉罐熔解后的残余物。讲完后老师会要求学生把这些不同的图片按照正确的顺序摆放,使其熟悉垃圾分类处理的程序。老师还会告诉孩子们喝完饮料后不要把易拉罐当成普通垃圾随便扔掉,因为这些易拉罐回收熔化后可以做成新的易拉罐,可以节约此前提取铝材、加工运输所耗费的能源。当然,老师还会对孩子们宣传最好不要购买易拉罐饮料,而选择玻璃瓶

装饮料。在垃圾回收点,经常能看到父母带着孩子来处置分类的各种瓶子,孩子从父母手里接过废瓶,然后准确地将不同的瓶子扔进不同的回收箱。

除了老师和家长的言传身教,一些非政府组织和基金会对环保教育的推动作用也功不可没。瑞士从 20 世纪 80 年代就已经开始实行垃圾分类处理,各州政府根据本地区的实际情况颁布垃圾分类处理法规。现在,各州垃圾分类标准不断更新、细化,分类越来越详尽,垃圾分类细致到必须出版一本专门小册子的程度。如苏黎世州政府颁发的垃圾分类手册厚达 108 页,内容详细,应有尽有。有关部门会发放垃圾分类宣传册,还有漂亮的挂历,上面标出了不同地区对不同类型垃圾的回收时间。

3. 科学的生活垃圾分类

瑞士堪称垃圾分类最细的国家,各州对于垃圾处理的规定不尽相同。一般家庭的垃圾有以下几种:

1．玻璃瓶

用过的玻璃瓶必须先冲洗干净，然后放在一起，待积累到一定数量后，带到超市去。超市有专门的大柜收集，大柜有分别收集棕色瓶、绿色瓶和无色瓶的洞口，所有的人都会按指定的洞口倒入，绝不会弄错。

2．塑料瓶

超市有专门收集塑料瓶的收集柜，它有两个收集洞口：一个是收集装牛奶的不透明塑料瓶（或者桶）的，还有一类是收集透明的其他塑料饮料瓶的。

瑞士人在处置这些塑料瓶之前，同样会把它们清洗干净，能压扁的还要自己把它们压扁，然后才去扔掉。

3．电池

超市也有专用柜收集电池。瑞士将电池分为碱性和酸性两种，也是分别收集。

4．灯管

瑞士将灯管分成 4 类，人们会按照回收柜外面的文字和图案说明去做，保证不会扔错。

上述 4 种垃圾都是无味的，因此设在超市收集是个很好的办法。瑞士家庭一般都是开车去超市，把以上垃圾运到超市，先扔垃圾后购物，非常方便。而且上述垃圾均由销售厂商来负责回收，销售、回收一条龙，也很合理。

5. 金属

大致有铁、铝等几类。家庭里金属类垃圾积累很慢，存放数量有限。

6. 绿色垃圾

主要是指家庭产生的植物性垃圾，如摘剩的蔬菜、剥下的菜皮、倒掉的茶叶等。这类垃圾要用专门的绿色垃圾塑料袋来装，然后倒入垃圾站指定的绿色垃圾箱中。

7. 报纸、杂志

这类垃圾必须捆得整整齐齐、四四方方，放在垃圾站。

8. 纸张

指其他废纸。

9. 不可回收垃圾

这里主要是指家庭产生的其他常见无毒生物垃圾，如骨头、食物残渣、碎纸片等。这类垃圾要用专用的塑料袋来装，然后贴上交费标签，放到垃圾站。

在瑞士，没有人会随意用非垃圾专用袋来装垃圾，也没有人不贴交费标签。瑞士人会自觉按照规范对生活垃圾进行分类。

10. 特种垃圾

瑞士的特种垃圾主要是指油类、橡胶、化

工涂料等，分类标准非常严格，而且政府经常还会更新和细化其分类标准。

瑞士的垃圾处理也给民众生活带来了不少实惠，比如居民的生活用热水就是垃圾处理厂燃烧不可回收的垃圾来加热的。

在瑞士，从城市到偏远的农村都广泛实行了生活垃圾的分类回收，不仅居家生活是这样，任何车站、机场、饭店、会场、体育场所、旅游景点也都不例外。比如日内瓦州，该州并没有对居民的生活垃圾收费，垃圾分类也不是强制的。不过，当地的居民大多都会自觉地将垃圾至少分为厨余、纸张和其他垃圾 3 类，放入居民楼楼下相对应的 3 个垃圾箱里。比如，吃剩的饭菜属于有机垃圾，家庭需要自我回收和管理，小区统一将这些有机垃圾处理为肥料；而塑料咖啡盒则留到下次购买咖啡时，带到商店里由厂家回收。另外，每一片居民区还会设一个分类更细的可回收垃圾的回收点，像玻璃瓶、易拉罐、金属之类的就扔到那里。不同颜色的玻璃瓶、不同成分的金属也都要分开回收。有些回收站离居民点较远，但当地居民仍会开车将废品运来。

瑞士的大部分城市对生活垃圾分类回收采取定额收费制度，个人处理垃圾必须使用在超市购买的专门垃圾袋，如果不用，就没人会运走这些垃圾。如果乱扔,则会面临罚款,最高可达到200瑞士法郎。政府对垃圾处理作了明确的规定,废弃物如玻璃、纸、砖瓦、化学药品等都被分类处理。在各个城市,居民每隔数周会将废纸捆扎好,按指定日期放在外面等专门的机构来收取。

瑞士对各类生活垃圾的分类一直在不断更新,而且越来越详尽。一般瑞士家庭生活垃圾有玻璃、塑料、电池、灯管、金属、绿色垃圾、报纸杂志、其他废纸、不可回收垃圾、特种垃圾等10类以上的分类,每一类都还要严格地再分类,如不同用途的瓶子要分开,不同颜色的玻璃瓶也要分开,各种垃圾都要装入专用的塑料袋内并贴上交费标签。瑞士将垃圾称重收费,不同种类垃圾的处理成本不同:混合垃圾处理费用最高,一般通过购买垃圾袋收取,为每人每年交处理费130瑞郎;纸张和纸板处理费每户每年18瑞郎;厨房垃圾处理费每人每年13瑞郎;玻璃处理费每人每年5瑞郎;铝罐和镀锡铁皮分别按每人每年0.7、0.5瑞郎收取。用垃圾收集容器对居民垃圾称重收费，容器上带有的芯片可记录居民产生垃圾的重量，以便电脑存档。有的州还专门设立了垃圾警察，负责抽检分类的垃圾，一旦发现垃圾没有正确分类，将根据线索处罚当事人。瑞士的奖励措施也做得很有成效。例如，超市门口通常有回收空饮料瓶和易拉罐等可回收垃圾的自助式专用回收机，人们把垃圾放进去，收条会打印出来，凭收条可以在超市购物或者直接兑换成现金。

在瑞士，处理旧家具、电器之类的大件也是要收费的，主人需要叫专门的运输公司来将这些垃圾送到指定地点，如果随意乱扔的话理论上是要处以罚款的。

由于每家每户都参与分类回收垃圾，可谓全民总动员，所以瑞士的垃圾回收率相当高。据瑞士环境部 2007 年数据统计，瑞士的钢板回收率达 79%，玻璃达 95%。2005 年以来，虽然瑞士每年垃圾产量总体上增长了，但送入焚烧厂的垃圾量在减少，可回收利用垃圾量不断增加。其城市固体垃圾总的回收率已达 40% 以上，塑料饮料瓶、铝质易拉罐、纸、玻璃的回收率在 70% 以上。

（四）德　国

德国位于欧洲西部，被公认为欧洲四大经济体中最为优秀的国家，经济实力居欧洲首位，是世界第四大经济体、世界第二大商品出口国和第三大商品进口国。德国自然资源较为贫乏,20世纪70年代初,德国曾经发生了一系列的环境污染灾难,二氧化碳排放量急剧增加,水域中的生物急剧减少,垃圾堆放场周边的土壤和水体遭到严重污染,自然环境被严重破坏,民众深受其害。日益恶化的环境使德国政府认识到了环境保护的紧迫性,为了给子孙后代一个适宜人居的环境,德国政府出台了一系列保护环境的法律和法规。德国向来以严谨著称,在生活垃圾的分类和处理上也显示了它特有的严谨性。

1. 法律法规的制度保障

德国是最早实行循环经济立法的西方发达国家,也是实施最成功的国家之一,到目前为止,德国已有关于环境的法律法规8 000多部。1972年,原西德政府制定的《废弃物处理法》拉开了循环经济立法的序幕。1996年10月颁布实施的《循环经济与废弃物处理法》确立了德国循环经济的总纲,该法要求所有资源必须尽力减少用量,被列入循环经济回收利用的产品除包装废弃物外,还包括废汽车、废旧电子器件和电子设备、废旧电池、生物废弃物、建筑或拆毁废墟、废地毯和纺织物、废木柴等。此后还出台了废车限制条例、废弃电池条例等专项产品的实施条例,以逐步完善该法。2000年《可再生能源法》正式实施,根据此法,从事再生能源的公司企业可以获得政府的经济补助，从而进一步促进了再生资源的开发和利用。

德国政府制定出的一整套行之有效并严格执行的循环经济法律法规体系，使再生资源利用有了实现的基础。目前，德国是世界上生活垃圾处理系统最完善的国家，可回收物质占生活垃圾产生总量的 20% 至 50%，可生物降解的物质占生活垃圾总量的 20% 至 60%，其他物质类垃圾则通过热处理即焚烧或者物理机械方式处理，最终填埋。

比如在汉堡州，每年年初，地方主管机构都会将新一年的“垃圾清运时间表”和“垃圾分类说明”挨家挨户地投到各家的信箱，以方便居民遵照执行。每个生活社区设置专门的轻型包装物回收箱，还有 3 个成套的专门的旧玻璃回收桶，分别用于收集透明、褐色、绿色的玻璃瓶和玻璃罐。通常在每个小区也设立专门的收集箱。居民还可以按时间表上的规定时间将旧纸捆扎好摆放在自己家附近的街道边，回收公司会及时收取，一般每月 1 至 2 次。通过上述分类处理办法，汉堡地区民用垃圾废弃物中的大部分可再生资源都可以有非常高的回收率，从而大大降低了最终废物垃圾的处理量，大量可再生资源也得到了回收再利用。

2. 从垃圾源头开始减量

20世纪90年代以来,德国的垃圾管理思路由“末端处理—循环利用—避免产生”逐渐过渡转变为“避免产生—循环利用—末端处理”的方式,控制垃圾产生得到德国乃至整个欧盟的重视。为了适应管理思路的转变,德国在垃圾处理管理中引入了生产者责任制度,它要求生产商对其产品的全部生命周期负责。生产者和销售者需要按照规定(如“绿点”标志),根据废弃物的质量、种类、能否回收等标准交纳相应的费用,用于废弃物的收集、分类和处置。生产者责任制度的确立有助于约束生产商使用过多的原材料和不可回收利用的材料,促进生产技术的创新,从而达到从源头上使垃圾减量的目的。1998年,德国在产品税制改革中引入生态税,通过对那些使用了对环境有害的材料和消耗了不可再生资源的产品增收生态税的方式,来促使生产商采用先进的工艺和技术,进而达到改进消费模式和调整产业结构的目的。

在德国,垃圾资源回收主要分为以下几种:包装的回收与利用;电器和电子产品的回收与利用;废弃电池的回收与利用;废弃汽车的回收与利用;废弃油的回收与利用;废弃玻璃的回收与利用;废旧纸张的回收与利用;生态垃圾的回收与利用;建筑和建筑垃圾的回收与利用等。

德国的垃圾分类主要在产生垃圾的源头——居民的家里实现。专业人员指导居民根据不同成分垃圾的利用及处理途径,对其进行科学分类和收集,并利用4种颜色的垃圾桶或储藏容器,实现垃圾的分类收集和分开处理。这4种颜色的垃圾桶分别是黄色垃圾袋(装所有的食品塑料包装、饮水瓶、金属易拉罐、日常废旧塑料等)、蓝色垃圾桶(用来装各种废旧报纸广告等)、绿色有机垃圾桶(用于存放所有的食物残渣、花园树木剪下的残枝、草坪割下来的草等生物有机垃圾)和黑桶(用于装其他不可回收垃圾)。其中,黄袋由政府免费派发,放入黄袋和蓝色、绿色垃圾桶中的垃圾并不需要支付垃圾处理费用。只有黑桶按照其体积大小来收费,家常用的有每年约400欧元和800欧元两种规格,分类不仔细就乱丢入黑桶的话,黑桶越大,要付的钱就越多。所有垃圾桶每周定期有垃圾工人来收,有些是两周收一次。但是如果垃圾工人发现乱丢乱放的垃圾,有权拒绝收走。

在德国,每个城市都有政府指定的公司负责垃圾的处理,比如:用快速腐烂的方式把生物垃圾变做养花的泥土肥料,在各建筑超市出售;废旧纸张的回收也比较容易处理。但是黄袋里面的各种塑料和金属包装,则需要比较先进的分离技术进行处理。由于塑料是以石油作为原料制成的，粗分类是 16 大种，细分类则超过千种，食品包装的塑料是比较高级的塑料，如果在回收过程中将塑料不分品种和颜色混合处理，就严重降低了其使用价值，因此德国对黄袋中从千家万户回收上来的塑料，都预先经过专门的设备分离，之后才能进入塑料回收市场。

垃圾分类储藏容器主要用于存放废纸、纸箱、衣物和玻璃瓶。在德国，每隔几条街，就有专门的垃圾桶回收各种玻璃瓶子。

大件垃圾、废旧电器、建筑垃圾、危险废物等则另有专门的回收点，它们分布在市区的不同地方。比如废电池，通常是由销售商负责收回，即每个零售电池的商场均设有废电池回收箱。居民可将大件垃圾、废旧电器、危险废物免费送至回收点，或约定时间请人来收取。到了指定的丢大垃圾的日子，附近的人家把他们不要的或者是坏了的家具和小家电堆到门口，等待市政府的工人第二天将它们取走。所谓的大垃圾包括旧沙发、床垫、小茶几、五斗柜、咖啡机、台灯、窗帘、旧碗盘、旧电话、冰柜、电视等，不胜枚举。常有一些经济条件比较差的人家或学生趁这个机会捡取干净而且可用的东西回去作为己用，这样的行为是被允许的，因为这一方面可以减少垃圾量，一方面还可以废物利用，有利无弊，特别是有一些家具和小家电还很新，完全报废实在太可惜。

这样丢大垃圾的机会每个地区一年只有 4 次，市政府会事前公布日期，使大家可以提前做准备。除了这 4 次丢大垃圾的机会外，市民不可以将家中不要的东西任意丢弃在家门口，否则是违法的，要受到处罚。

各户居民可根据自家产生的垃圾量确定所租用垃圾桶的大小，不同容积的垃圾桶交费价格不同。对一些特殊的垃圾，如废旧轮胎的回收，居民也必须付费。比如一个 4 口之家，一对夫妻加 2 个小孩，如果使用 80 公升的黑桶，也就是收费垃圾桶中最小的垃圾桶，垃圾桶每 14 天会被清理一次，这种情况下，这户人家一年要缴 135 欧元垃圾费（约为 1 350 元人民币）。如果这家人自己掩埋院子中的树叶杂草，则可以获得减免 10% 垃圾费的奖励。

3. 生活垃圾回收制度创新

1991 年，德国正式实施《废物分类包装条例》，明确了生产者的责任制度；1998 年，该条例曾有修改。根据条例的要求，来自德国包装工业和消费品制造业行业协会及商业协会的 95 个公司出资组建了德国双轨制系统股份公司（DSD），负责包装废弃物的分类、收集和综合回收利用全过程的组织工作。德国双轨制系统股份公司通过向包装生产者和销售者出卖绿点标志获取费用，具体费用根据所使用的包装材料、质量及件数来确定。这种在垃圾处理过程中引入市场行为、走市场化和产业化道路的方法，既提高了回收利用的效率，又降低了零售商、制造商和包装商的投入。德国著名的绿点公司就是配合1991年实施的《废物分类包装条例》而成立的废弃物回收公司，它的回收范围限于销售包装废弃物。

配合1991年实施的《废物分类包装条例》而成立的废弃物回收公司

2001年，按照这种双轨制的模式，德国共收集利用处理了540万吨各类包装垃圾。目前该系统已经扩大到了德国此外的国家，至2000年，该公司已有会员1.79万个，仅在欧洲就有23个国家加入了绿点计划，涉及的公司总数超过13万家。绿点公司的会员根据其包装材料使用类型及重量向绿点公司支付费用，同时取得使用“绿点”包装回收标志的权利，凡是交了钱的企业都可以在自己的产品上印一个由一绿一黄两个箭头组成的绿点标记，表示自己已经缴纳了回收的费用，老百姓可以放心购买。消费者在使用完这件商品后，便可将带有绿点标记的废弃包装丢进专门的垃圾袋内，方便回收。绿点公司通过在城市各个角落安置黄色垃圾桶，专门收集带有绿点标志的包装废弃物，实现了广泛回收。而非成员公司则必须执行包装法规中的相关条款，所花费用比会员公司高出不少。

DER GRÜNE PUNKT

由于放进黑色垃圾桶的垃圾是要交费的，所以德国民众会尽量减少放进黑色垃圾桶的垃圾量。居民将自己收集的各类包装垃圾出售给废品收集工，并得到一定经济补偿，这在一定程度上体现了对分类回收的经济补偿，可以有效促进居民自觉进行分类收集。

近年来，随着原油价格的上涨，回收塑料价格不断上涨，德国也越来越重视回收各种物资，不仅是各大超市，各公司、各个家庭的废旧塑料纸张都必须进入回收系统再利用，而且，很多超市开始对塑料饮水瓶收押金，从而促使顾客将此

类物资重新送回超市，不混入黄袋，因为制作饮水瓶的塑料，在可以接触食品的塑料中是最高级、最值钱的一种。2003 年，德国实施了饮料一次性包装必须支付押金的规定，即对于用玻璃、金属和塑料包装的矿泉水、啤酒和含碳酸的清凉饮料在购买时收取 25 欧分（容量超过 1.5 升的 50 欧分）的押金，在顾客退包装时返还。押金抵押返还制度有效地提高了玻璃、金属和塑料包装材料的回收利用率。

德国的生活垃圾管理政策对于垃圾的减量化、资源化和无害化处理有着非常积极的促进作用。从 1996 年到 2005 年，德国城市生活垃圾的产生量发生了一定的变化：2002 年，生活垃圾总量达到 527.72 万吨，为最高年份，随后就呈现出了下降趋势；2005 年生活垃圾产量为 465.55 万吨，与 1990 年相比下降了约 7%。家庭垃圾中，普通垃圾和公共垃圾也是呈逐年下降趋势，可堆肥垃圾、可回收利用垃圾的产量到 2002 年达到最高值，之后前者趋于稳定，后者呈下降趋势；2005 年生活垃圾回收利用率达到 62%，是 1990 年的 4.8 倍。垃圾填埋量迅速下降，垃圾的焚烧量、回收利用量（包括堆肥）呈逐年增加的趋势。除去分类单独收集的生活垃圾，2005 年分类后的剩余垃圾为 1 391 万吨，折合为人均日产量仅 0.46 千克（中国城市垃圾人均日产量已超过 1 千克)。

综上所述,德国在生活垃圾分类收集与处理方面取得领先优势的原因就在于,德国拥有比其他国家更为先进完备的环保政策和执行系统。德国已经建立起了完整的垃圾处理产业体系,从业人员超过25万,涵盖工程师、工人、公务员等不同职业。在教育领域,德国的一些大学相继设立了垃圾处理方面的专业或课程,同时也提供针对垃圾处理专业人员的培训项目。这些做法为德国垃圾处理事业的发展提供了人才保障。

德国垃圾处理产业体系

发达国家值得我们借鉴的生活垃圾分类经验远不止于上述方面,可以相信,只要我们从垃圾源头着手,积极参与分类收集与处理,随着生活垃圾产生总量的不断降低,垃圾中不可回收利用的物质的量也会越来越少,其对环境的危害性也就会越来越小。

第四章 生活垃圾分类指导

随着我国经济的快速发展，民众的生活水平提高了很多，消费能力和消费种类有了大幅度的增长，由此带来了生活垃圾总量的大幅增长。而随着中国城市化进程的加快，大量农村人口涌入城市，造成城市居民逐年增加，城市市区面积越大，城市人口就越多，相应的城市生活垃圾产生量也就越大。中国城市生活垃圾的主要组成物有居民生活垃圾（包括食物垃圾、纸屑、布料、木料、金属、玻璃、塑料、橡胶、陶瓷、燃料灰渣、废器具、碎砖瓦、杂物等）、清扫垃圾（包括公共场所产生的废弃物，如泥沙、灰土、枯枝败叶、商品包装等）、社会团体垃圾（包括商业、工业、事业单位和交通运输部门产生的垃圾）。其中居民生活垃圾约占垃圾总量的60%，这类垃圾成分最复杂，受时间和季节的影响也较大，有较大的波动性；清扫垃圾约占垃圾总量的10%，其平

均含水量低，热值比居民生活垃圾略高；社会团体垃圾约占垃圾总量的30%，因产源单位不同，其成分差异较大，但总体组分比较稳定，平均含水率低，含高热值的易燃物较多。

我国地域辽阔，南北温差大，东西部经济发展不平衡，燃料结构差别大，生活习惯也有很大不同，因此，中国城市生活垃圾的成分也随地域而变化。比如在燃气区，城市生活垃圾中的有机物占72.12%，高于无机物（占16.84%）和其他成分（占12.04%）；在燃煤区，有机物只占25.09%，无机物却占70.76%，远远高于燃气区，其他成分只占4.52%；在发达地区，纸张在城市生活垃圾中所占比例很大，但在欠发达地区的生活垃圾中食品垃圾则是主要的组成物。

不同规模的城市其生活垃圾的成分也存在差异。虽然地理环境等基础条件不同，但大城市居民的生活和消费水平比中小城市高，城市居民燃气化率也较高，因而大城市与中小城市之间的垃圾成分存在一定差异。大城市的渣石、灰土等无机物含量明显低于中小城市，有机物和可回收物尤其是可燃物的含量明显高于中小城市（如纸类、塑料橡胶等）。大城市生活垃圾中的无机物所占比例远远小于中小城市，仅为中小城市的1/3；而可回收物所占比例则高达30%左右，比中小城市高出一半以上。

随着时代的发展，中国城市生活垃圾的成分也有了一定的变化，有机物总体上呈逐渐增加趋势，无机物则相反，但近些年有机物和无机物的平均含量逐渐趋于平稳，成分变化较小；可回收物的比例有较大增长；可燃物成分增加，热值有一定提高。

纸张

Paper

根据我国垃圾问题专家王维平的调查，垃圾资源化的潜力随着生活水平的提高和经济的发展也在不断增长。联合国专家也曾说，垃圾是地球上唯一一种不断增长、永不枯竭的资源。在垃圾成分中，金属、纸类、塑料、玻璃被视为可直接回收利用的资源，占垃圾总量的42.9%，可直接回收利用率应不低于33%。但是，这需要国家花费巨资来进行清理。以上海为例，上海市的垃圾填埋厂已经由原来的3个扩展到现在的5个，但是仍然难以满足上海地区不断增加的垃圾处理需求。

我国的城市化进程还在推进，不产生垃圾不可能，但减少垃圾却可实现。各界认为，破除"垃圾围城"的根本之道在于垃圾减量，即将生活垃圾分类处理、回收再利用。

事实上，我国也早就在探索垃圾分类处理，如北京在20世纪50年代就曾进行过试点，21世纪初京、沪等8城也曾经同时试点垃圾分类收集，但时至今日，试点要么不了了之，要么仍在探索，难以正式推行。究其原因，一是市民习惯难以改变，二是政府部门管理上还有缺陷。只有大家都摒弃嫌麻烦的想法、一齐动手，才有可能使我国的生活垃圾分类赶上世界先进水平，消除脏、乱、差的现象。

地球是我们生活的家园，而自然环境与我们息息相关、密不可分，如果它遭到了破坏，居住其中的人类与各种生物也会受到侵害。我们既要合理利用自然资源，又要很好地保护环境，使它永远生机盎然，与我们和谐相处。当前，我们所要做的就是养成保护环境的习惯，提高保护环境的意识，从我做起，从小事做起。我们力所能及的保护环境的行动实在是太多了，而最易行最能见效的就是生活垃圾的分类。

每个人每天都会扔出许多垃圾，你知道这些垃圾到哪里去了吗？它们通常是先被送到堆放场，然后再进行处理。目前我们国家常用的垃圾处理方法主要有：综合利用、卫生填埋、焚烧发电、堆肥、资源返还。垃圾填埋的费用是非常高昂的，处理1吨垃圾的费用约为450至600元人民币。人们大量地消耗资源来大规模地生产、大量地消费，又大量地生产着垃圾。其实我们最应该做的就是给生活垃圾分类“瘦身”，减少垃圾的产生量。

随着我国城市化进程的加快和人民生活水平的提高，生活垃圾问题已成为环境管理工作的重中之重。我国的城市生活垃圾处理起步于20世纪80年代。1990年以前，全国城市垃圾的处理率不足2%。进入90年代后，城市生活垃圾的处理水平不断提高。城市生活垃圾中有机成分约占总量的60%，无机物约占40%，其中废纸、塑料、玻璃、金属、织物等可回收物约占总量的30%，这些废弃物中绝大部分是使用后的包装废弃物。在一些经济较发达的城市，包装品废弃物约占城市家庭生活垃圾的20%以上，而其体积则占到家庭垃圾的50%以上。生活垃圾的处理不仅关系到城乡的卫生和民众的居住环境，也关系到整个社会今后的发展，如何实现垃圾处理的减量化、资源化、无公害化，为城市居民提供一个优美舒适的生活环境，保持经济和社会建设的可持续发展，是各级政府高度重视的问题。

其实生活垃圾就在我们的日常生活之中，可谓随处可见。比如吃剩的饭菜、果核，废弃的电池、玻璃残渣，过期的药品，还有我们废弃的塑料袋等，这些都属于生活垃圾，都是曾经在我们的生活中为我们提供各方面帮助、随后又被我们丢弃的物品。因此可以说，生活垃圾就是我们日常生活中或者在为我们日常生活提供各种服务、各种便利的过程中产生的废弃物，或者说是某项法律或行政法规规定的固体废物。

生活垃圾丰富多样。在日常生活中，可能对于某些废弃物，我们一眼就能辨别出是垃圾，随即对其进行清理；但是有些物品，我们意识不到它已经无用，或者因为舍不得扔掉，任其闲置在我们身边，最终影响到我们的身体健康，我们饱受其害，却还未察觉。

下面就对生活垃圾分类进行简单的介绍，以使读者朋友对其有个正确的认识。简单地说，生活垃圾基本可以分为五大类：可回收物、厨余垃圾、有害垃圾、建筑垃圾和其他垃圾。

（一）可回收物

可回收物，顾名思义，就是可以回收再利用的垃圾，通过把这些垃圾进行回收利用，可以减少污染、节约资源。可回收的前提是垃圾本身或者材质必须是可再利用的纸类、硬纸板、玻璃、塑料、金属或者布料等。

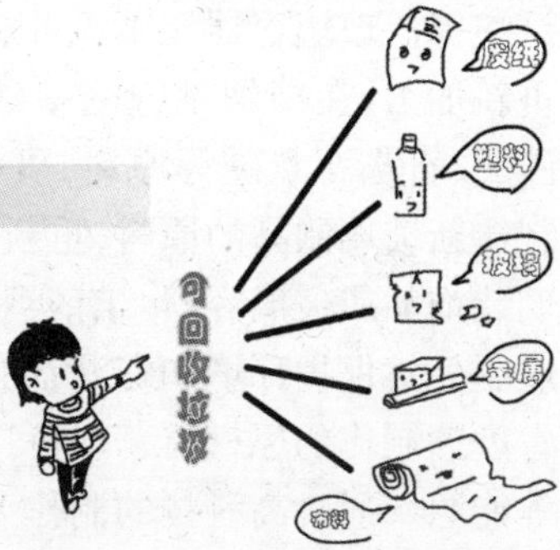

1. 纸类

这里所说的纸类具体包括报纸、杂志、广告单或者其他相对干净的纸张。比如我们家里看过的废报纸、过期杂志、图书,还有各种纸质包装盒和包装纸(大到家用电器的包装盒,小到纸烟盒)以及办公用纸,这些都是可以回收再利用的。因为这些纸张的原料主要是木材、草、芦苇、竹等植物纤维,可以按照纤维成分的不同,对其进行相应的加工,以便再循环利用。据统计,每回收1吨废纸可供造纸850千克,不仅可大量节省木材,而且比生产等量的纸张减少了80%的污染排放量。不过,需要提醒的是,纸巾和卫生用纸因为水溶性太强,是不可回收的。

2. 玻璃

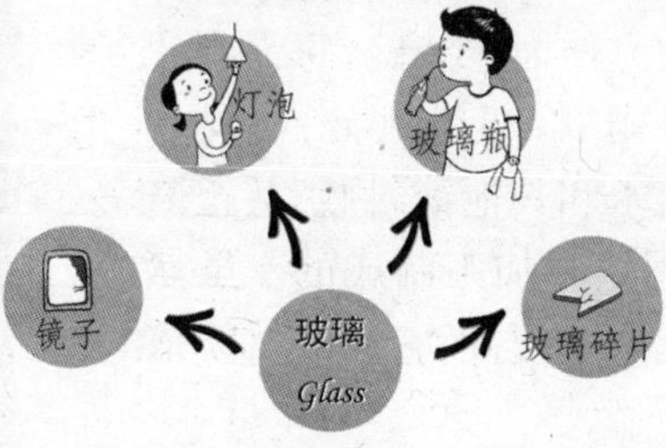

玻璃也是可回收垃圾。日常生活中的玻璃用品主要有各种玻璃瓶、玻璃碗、玻璃镜子、玻璃

灯泡等。玻璃容器工业会把这些被粉碎的玻璃重新加工,在精细挑选的基础上去除杂质,加上砂子、石灰石和碱等原料,可将这些碎玻璃变成制造新玻璃制品的原料,重新制成精美实用的玻璃装饰品或玻璃容器。有实验表明,回收加工玻璃制品对保护环境和资源都有好处,不仅可以节省玻璃制作的原材料,而且可以节省煤炭和电力等能源。通过高科技的制作工艺,回收再利用后的玻璃原料又被工人师傅变成各种漂亮的花瓶、实用美观的茶杯、碗碟和玻璃瓶,回到我们的生活中,供我们使用或欣赏。

3. 塑料

自从科学家发明塑料原材料后,工业设计师们为我们设计出了用途各异的塑料制品,这些塑料制品近年来已成为我们生活中的亲密伙伴,既装点了我们的生活,又给我们的出行携带提供了很大的便利。

目前,我们生活中用得比较多的塑料制品有塑料包装、购物用的塑料袋、一次性聚苯乙烯塑料餐具和餐盒、电器包装发泡填塞物、一次性塑料桌布等。我们常吃的方便面包装碗,每天刷牙用的牙刷和牙杯,塑料雨衣、塑料拖鞋、塑料软管、塑料地板,矿泉水瓶子和其他饮料瓶,甚至酱油瓶、沙拉酱瓶,都是用塑料加工制成的。虽然有的塑料物品外表看起来坚硬,但它们的材质依然是塑料。

在日常生活中，我们消耗得最多的要数马夹袋和矿泉水瓶了。在一些旅游景点，常常会见到被随意丢弃的饮料瓶和随风飘扬的马夹袋，这些塑料制品不仅影响景点形象和环境美观，还会带来环境污染问题。除此之外，最明显的一个例子就是在火车站候车室，方便面包装碗和各种食品包装袋、饮料瓶凌乱地堆满了垃圾桶。这些垃圾如果不及时清理，分解出的有毒有害物质将会危害我们的身体健康。塑料垃圾的降解需要一百至两百年，它的长期堆放给鼠类、蚊蝇提供了繁殖的场所，既威胁人类的健康，又影响市容面貌。而焚烧处理塑料垃圾可能会释放出多种有害的化学物质，其中二噁英对动物的毒性极大。即便在量很小的情况下，二噁英也能导致鸟和鱼类畸形和死亡。二噁英对人体的伤害则表现为：使人消瘦、肝功紊乱、神经损伤、诱发癌症等。

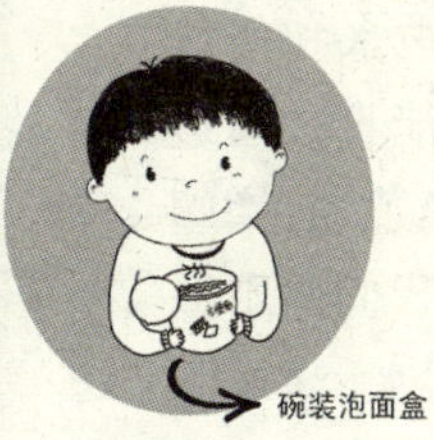

塑料

Plastic

因为塑料包装物是由合成树脂材料制成的，在一定的温度和湿度下，它们会分解出有毒有害物质，同时还容易滋生病菌，所以对于塑料制品垃圾，我们更要及时处置，尽早把它们送到工厂进行再生产，以促进塑料的循环利用。

塑料制品也不是用得越久就越节约、对人类越有利，譬如矿泉水瓶之类的瓶子就不能反复使用，因为塑料瓶在制作过程中添加有增塑剂，增塑剂的作用是增强塑料的可塑性，使塑料制品变得柔软、耐热、耐寒，而这种化学成分对人体是有害的，随着时间的推移，增塑剂会慢慢地从塑料制品中溶出，进入空气、土壤、水源乃至食物中。德国埃尔朗根大学的研究人员曾经通过研究分析发现，人体吸入的化学物质比预期的要高得多。专家猜测，增塑剂可能像其他有害物质那样，也是通过食物被摄入人体的，其中水和空气可能是主要途径。此外，增塑剂也可能直接通过人体皮肤吸收而进入人体。用塑料瓶装油，增塑剂也很容易被溶解。可见，增塑剂离我们并不遥远，如果人们长期饮用塑料瓶装饮用水、油或其他塑料包装食品，就很容易将毒素吸入体内。增塑剂可导致动物存活率降低、体重减轻、肝肾功能下降、血中红细胞减少，具有致突变性和致癌性。科研人员通过动物的胚胎毒性研究发现，增塑剂还能导致动物仔胎的腭裂、脊柱畸形、心脏变形、眼睛缺陷、指或趾畸形、肢变形等严重后果。它还会影响人体荷尔蒙系统，影响青少年的正常生长和发育。从这一点上看,对于生活中产生的塑料制品垃圾,及时处置它们就显得更为迫切和重要了。

在日常生活中,我们"用了就扔"的东西不少,其中扔得最多的大概就是塑料袋了,实际上这是对资源的巨大浪费,也是垃圾量大增的一个重要原因。以前我们提着购物袋、菜篮子上街购物,后来购物袋和菜篮子被轻便的塑料袋取代。据统计,我国每年塑料废弃量为 100 万吨,北京市如果按平均每人每天用 1 个塑料袋计算,每个袋重 4 克,每天就要扔掉 4.4 万千克聚乙烯膜,仅原料就扔掉近 4 万元。

在德国,不少超市里的塑料袋不是免费提供的,这是为了减少塑料袋的使用。很多德国人买东西时,习惯提着布袋,或直接将货物装到车上,不用塑料袋。一些家庭主妇为了少用塑料袋而挎着硕大的藤篮上街购物。我国于 2008 年 6 月 1 日起开始实施的"限塑令"明确规定商场、超市和集贸市场不得提供免费塑料购物袋,并禁止使用厚度小于 0.025 毫米的塑料购物袋。"限塑令”实施后取得了明显成效，可是时隔 3 年，国家明令禁止的超薄塑料袋在市场上仍随处可见，免费塑料袋重出江湖，超市中免费的连卷塑料袋用量大增，商场更注重卖塑料袋而非“限塑”。所以，针对这一反弹现象，我们应该自觉地坚持使用环保袋、菜篮子，因为它们不仅可以重复使用，而且还大大降低了污染。如果你想为减少“白色污染”作点贡献的话，请自带购物袋上街购物，尽量少购买塑料袋，重复使用已有的塑料袋，买菜时带上菜篮、藤筐等。如果每个人都尽可能地拒绝那些对环境造成破坏的塑料袋，我们的环境肯定也会得到大大的改善。

每天被我们丢弃的可乐瓶和被称为白色垃圾的塑料袋、一次性塑料餐盒属于高分子聚合有机物，如果埋在地下的话，200 年也烂不掉，它还会使土壤板结、降低土壤的肥力，甚至使土壤失去耕种的能力。生活中，我们经常会扔掉各种各样的废塑料。其实废塑料回收处理后还可制成纽扣、笔筒等用品，它也是炼油的好原料，1 吨废塑料至少能回炼 600 公斤的汽油和柴油。所以，我们应该把日常生活中的那些废弃塑料制品诸如可乐瓶、旧笔筒、纽扣、塑料板等先进行分类处理，让其回收利用后重新为人类服务。

4. 金属

可回收的金属类生活垃圾是指用金属材料做成的易拉罐、罐头盒、金属材质的厨房用具、含有金属部件的电子产品等。肉、鱼罐头，糖水水果罐头，啤酒罐和饮料罐，都是用金属材料制成的，只不过它们的金属材质有区别而已，比如有的是不锈钢材质的，有的是铝材质的，还有的是锡箔材质的，等等。此外还有形形色色的废铜烂铁、废钢，报废的汽车零部件等，它们都可以被送进金属粉碎机设备进行粉碎，人们借助金属回收工艺即可对其进行重新利用。

金属材料都是从金属矿产资源中提炼出来的，而地球上的矿产资源毕竟是有限的、不可再生的，随着人们对矿产资源的不断开发和需求量的不断加大，金属矿产资源面临着枯竭的困境，而人类生活却越来越离不开金属制品。所以，充分利用废旧金属，使它们回到人们的生活中继续为人们服务就变得越来越重要了。目前，我国每年都有大量的废金属产生，如果随意丢弃这些废弃物，不仅会造成极大的资源浪费，也会严重污染环境，而合理回收利用则可以节约大量的能源和矿产资源。有人估计过，回收1只旧的铝制易拉罐进行再利用比重新制作1只新的要节省20%的资金，同时还可以节约90%至97%的资源；而回收1吨废钢则比新炼成同样数量的钢材要节约47%的成本，同时还可以减少冶炼过程中对空气和水源造成的污染。

随着我国工业化步伐的加快，对金属物循环利用的要求也自然会提高，这就要求普通民众要增强回收金属制品垃圾的意识，为节约资源、保护环境，为国家、为地球贡献自己的一份力量。

5. 织物

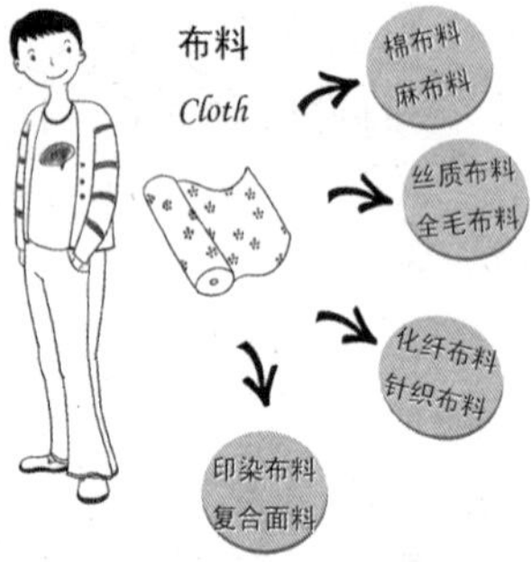

纺织品与我们的日常生活息息相关，生活中的纺织品垃圾主要来自废弃的衣物和饰品、布艺窗帘、靠垫等，这类生活垃圾数量庞大。纺织品垃圾的回收，简而言之就是对废旧纺织用品的回收和利用。纺织品根据其面料的不同也可以分为不同的种类，较为常见的有棉布料、麻布料、丝质布料、全毛布料、化纤布料、针织布料、印染布料、复合面料等，它们都有各自不同的回收价值。如果我们的牛仔衣裤、毛衣、棉布衣服等穿旧了或者感觉款式过时了，可以联系相关部门，将其回收再加工，以节约成本，有效利用资源。心灵手巧的朋友还可以把它们改制成环保布袋、家庭小饰物等。纺织品垃圾有的可以作为很好的造纸原料被送到造纸厂，为我们生产出纸张；还有的则可作为化工原料，为我们生产出新的物品，比如涤纶和尼龙纺织品就可以制成再生塑料颗粒，生产出再生塑料制品。

（二）厨余垃圾

厨余垃圾
kitchen waste

我们每天都要吃饭，不管是在家吃饭还是外出就餐，日常生活中产生数量最多的应该是厨房垃圾。厨余垃圾包括我们整理加工时废弃的一些菜蔬原料以及食品包装物等，比如老的菜叶、鱼鳞、动物内脏，倒掉的剩饭剩菜，吃剩的瓜果蔬菜和鸡鸭鱼骨头、螃蟹壳、虾壳等。

吃剩的饭菜、瓜果等有形厨房垃圾比较好处置。目前每个家庭都会在厨房放置一个垃圾桶，用于存放剩饭剩菜或餐巾纸，然后将之丢入公共垃圾桶。其实这样做既不卫生也不雅观，丢入公共垃圾桶的垃圾如果清理不及时很快就会发出异味，引来苍蝇、老鼠、蟑螂等有害动物，它们极易传播疾病，直接影响到民众的生活感受和健康。更重要的是，这类垃圾提供的营养还促使垃圾中的细菌大量繁殖，产生对人畜有害的氨气和硫化氢气体，还可促进垃圾中沼气的产生，埋下垃圾爆炸的隐患。

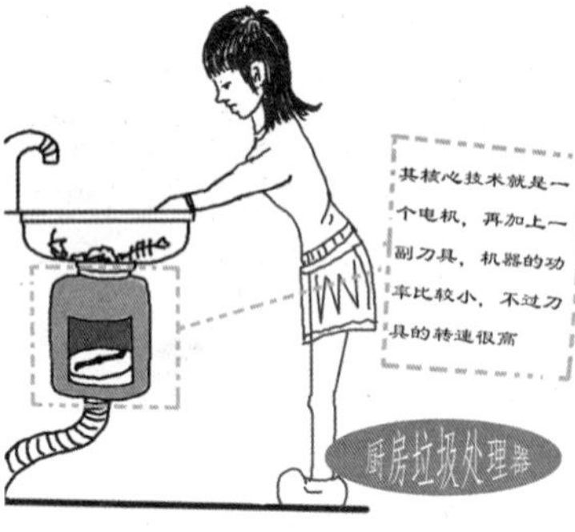

随着科技的发展，科技人员研制生产出了一种专门用于处理厨房垃圾的设备，其核心技术就是一个电机再加上一副刀具，机器的功率比较小，不过刀具的转速很高。目前基本上都是将这个设备嵌入到厨房水盆下面的柜子里，通过管道连接将经过的食物残渣搅碎并使其随水流进入下水道冲走。这样，既在源头上解决了厨余垃圾的存放问题，使其得到及时有效的处理，又为家庭和居住小区的环境消除了卫生隐患，还人们一个美观洁净的环境。此外，目前已经有技术将集中收集的厨余垃圾进行资源化利用，利用的途径包括热处理制成燃料棒，生物处理制成沼气或肥料等，国内很多城市也将厨余垃圾单独收集并进行资源化利用。在单独收集厨余垃圾的城市，就需要我们在日常生活中多费点心，将厨余垃圾单独存放，并投放至专门的收集容器，并避免将其他非厨余垃圾投放至专用容器，以利于厨余垃圾的进一步资源化利用。

（三）有害垃圾

有害垃圾，是指存有对人体健康有害的重金属、有毒物质或者对环境造成危害的废弃物。一般包括废电池、废灯管、废水银、废油漆桶、废家电、过期药品以及过期化妆品等。由于这类垃圾的特殊性，对其处理也要采取特殊措施。

1. 废电池

生活中，便于携带的直流式收音机给我们送来及时的新闻和动听的音乐以及幽默笑话等，放松我们的身心；电子钟表则给我们准确报时，让我们能够守时，过有规律的生活。可是，便携式收音机和电子钟表的运行离不开电池，没有了电池供电，它们就发不出声音或者无法计时、报时。除了可充电电池外，大多数电池是易耗品，当它们鞠躬尽瘁地履行完自己的使命、耗尽自己的电能后，就成了废电池。关于如何处置废电池，近两年可是国内热门的话题之一，还引发了不少争议。有的报道说，废电池对环境的污染很严重，不仅污染水资源，而且污染土壤资源；而有的报道则称废电池危害环境缺乏相关的科学依据。那么废电池到底该怎么处理？它对我们的生活到底有无危害？

市场上的电池可分为一次电池和二次电池。一次电池包括：锌锰电池和碱性锌锰电池。二次电池包括小型二次电池和铅酸蓄电池，小型二次电池中有镉镍电池、氢镍电池和锂离子电池。此外还有动力电池、燃料电池、太阳能电池、锌镍电池、金属空气电池等。

在我们的生活中，用量最大、群众最关心、报道最多的就是普通干电池（锌锰电池）。对于这些最常用的电池，国家早在 1997 年就制定了有关的规定,从源头避免这类电池废弃后对环境的影响,中国轻工总会、原国家环保总局、国家质量技术监督局等 9 个部委局于 1997 年 12 月 31 日联合发布了《关于限制电池产品汞含量的规定》,要求到 2002 年 1 月 1 日禁止在国内生产和经销汞含量大于电池重量 0.025% 的电池,到 2006 年 1 月 1 日禁止在国内生产和经销汞含量大于电池重量 0.0001% 的碱性锌锰电池。自电池的"限汞令"发布之后,我国电池企业积极革新生产工艺,改进原料配方,目前正规电池生产企业生产的电池已经基本实现无汞。

普通干电池中所含的其他对环境有影响的重金属元素的含量也相对较少。此外,电池包壳在不发生自身侵蚀的条件下,同样起到隔离电池内部化学物质同外界环境的作用。这类电池如果集中堆放,外壳破损的几率提高,污染物的释放量反而更大,对环境的危害性也就较为严重。因此,早在 2003 年原国家环境保护总局、国家发展和改革委员会、建设部、科技部、商务部等 5 个部委局联合下发的《废电池污染防治技术政策》中,就明确表示,不鼓励集中收集已达到国家低汞或无汞要求的废一次性电池。因此,这些普通锌锰干电池能够作为普通的生活垃圾,进行填埋处理。

但并不是所有的电池都能作为普通生活垃圾进行处理,除了普通干电池之外,我们日常生活中可能用到的可充电电池、纽扣电池、锂电池及电瓶车使用的铅酸蓄电池等还是需要作为有害垃圾单独投放处理。因为这些电池的成份与普通干电池成份不同,含有镉、铅、镍、锌等重金属或废酸、废碱等电解液,这些物质一旦进入环境,容易对环境产生危害,在日常生活中应该单独存放,并在垃圾分类时投放至有害垃圾专用收集容器,最终进行无害化处理或资源化利用。

各国对废电池污染控制主要采取下面手段:

(1) 在电池生产过程中控制有害元素的使用,或者用新型电池替代含有有害元素的电池,如电池的无汞化。这种方法被称为“再设计”(Redesign)。

(2) 延长电池的使用时间,或使用可重复使用的充电电池。这种方法被称为“再使用”(Reuse)。

(3) 回收废电池进行再生利用,这被称为“再循环”(Recycling)。

(4) 无害化处置已经收集的废电池。如美国在1996年制定颁布了《含汞电池和充电电池管理法》,要求充电电池生产商和使用充电电池器具生产商组织进行废电池回收利用的公众教育和公众参与，提高废镍镉电池、小型密封铅酸电池和其他需要控制的电池的回收率或对废电池进行有效的处理处置；欧盟在1991年出台了《废旧电池管理导则(Directive 91/157/CEE)》，要求各成员国对各种类型的含有危险物质的电池进行回收；在奥地利的《电池法》和“电池工业协会与各城市和电池销售商协议”的基础上，建立了一个由电池工业协会组建的收集回收系统“UFB”，该系统目前收集回收量为销售量的54%，平均每人160克的电池，收集回收系统的费用来源于附加在电池上以“环境税”的形式向消费者收取的资金；瑞士废电池管理法规要求对所有种类废电池进行管理，同时要求生产商和销售商有义务收集所有废电池，并对其进行处置和利用；日本《资源回收利用法》规定必须回收二次电池，但是没有法律要求回收一次干电池，目前日本各地要求充电电池和扣式电池送到电器店等回收设施内，而废一次干电池一般随生活垃圾处理，二次废电池的回收由干电池工业协会组织有关团体进行，要求废镉镍电池的回收率达到78%，氢镍回收率达到35%，锂电池回收率达到40%，小型铅酸电池回收率达到80%。

2. 废旧灯管

生活中的另一种有害垃圾就要数废旧灯管

了。一个小小的节能灯管平均含有0.5毫克的汞,而1毫克的汞渗入地下就会造成大约360吨水的污染。由于汞的沸点很低,在常温下即可蒸发,废弃的节能灯管破碎后,会立即向周围散发汞蒸气,瞬时可使周围空气中的汞浓度达到每立方米0.5至1毫克。汞还会随着空气而流动,通过人的呼吸进入人体,关键是它进入人体后很难被排出,一旦进入人体的汞超过某一阈值,就会破坏人的中枢神经系统,对身体造成极大的危害。据统计,我国每年产生的废旧汞灯和荧光灯管达到10万多吨。由于这些固体废料中的金属汞难以进行有效的回收和处理,造成了对地表水和土壤的严重侵蚀,对人体危害极大,目前已成为突出的环境问题。

废旧灯管的处理要经过特殊的程序,方能实现资源的再利用。国内已经有技术能够对这些废旧灯管进行处置。通过对破碎的废旧灯管进行两道工序的脱汞和两级漂洗后,金属汞和硫酸汞将得以全部回收利用,清洗后的废旧玻璃也可以回收利用。酸洗和漂洗废水经处理后循环利用,实现了“零排放”。生产车间对汞蒸气也采取全程密封处理,确保没有汞蒸气泄漏。

北京市危险废弃物处置中心对废旧灯管的处置办法则是把废旧灯管放入如同集装箱的机器里,在分离出灯头、玻璃渣和汞银混合物之后,汞银混合物自动流入高温机器，经过 800 度的高温蒸馏，再分离出荧光粉和粉状的固体汞，无毒的荧光粉运到房山生态岛填埋，而汞在经过提纯后还能回收再利用。

但是北京市的这个项目也遇到了设备“吃”不饱的难题，即收不到足够量的废旧灯管，导致设备很多时候几乎处于“空运行”、不得不停机的尴尬状态。为此，北京市政府启动了“一元钱换购节能灯”工程，在换购节能灯的指定地点配备了废旧灯管回收处，回收到的废旧灯管由供货企业运到危险废弃物处置中心。不过，由于回收后产生的经济效益不是很乐观，而回收企业又不能向居民收取费用，所产生的成本压力也影响了企业的积极性。

3. 含汞（水银）废弃物

生活中含汞的废弃物也是有害垃圾。汞，又称水银，它对我们来说并不陌生，它是常温下唯一的液态金属，俗称汞。在辰砂、甘汞及其他几种矿中富含汞。水银在科学仪器中应用得比较多，常见的温度计、电学仪器等里面往往都会用到它。老百姓家中常用的温度计中就有汞。汞的性质比较活泼，在常温下容易蒸发，汞及其化合物可通过呼吸道、皮肤或消化道等不同途径侵入人体，更重要的是，汞的毒性是累积性的，人体需要长时间的积累才会表现出中毒症状。如果发现温度计破碎，我们应该立即打开窗户，保持室内外空气流通，同时，对于已流出的水银，可以撒些硫磺粉清理，因为硫磺和汞结合会生成无毒的硫化汞，人吸入这种物质不会影响身体健康。采取这种措施后，液体汞也不至于大量挥发到空气中，对人体造成伤害。

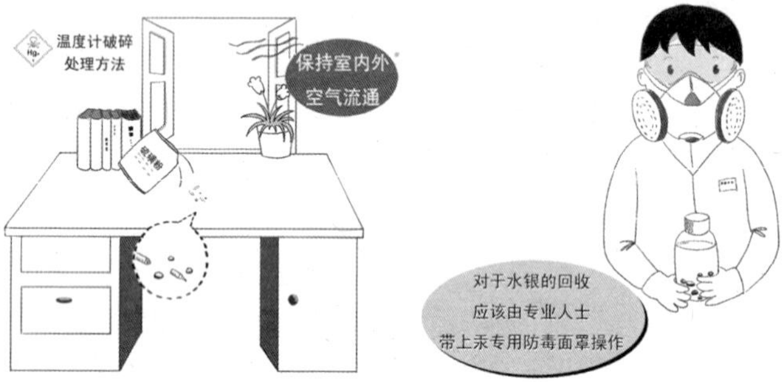

对于废水银，我们应该找一个容器将其密封，最好再添加一部分水，因为水银的密度低于水，沉在水下的水银无法挥发，也就无法对人体产生毒性了。对于废水银的回收，应该由专业人士带上汞专用防毒口罩操作，同时，废水银的提纯要采用高温密闭容器加压蒸馏作业过滤，要不然后果不堪设想。

4. 废电器

如今随着社会的发展，民众的生活水平有了大幅度的提高，许多家庭也随着市场上新电器产品的不断推出而频繁地更换或添置电器；而且像电视、冰箱、洗衣机等家用电器都有设定的使用年限，到了规定的年限就必须报废，这样就导致了废旧电器的大量出现。

据统计，目前我国电视机、冰箱、洗衣机、空调的社会保有量均以亿计，按照普通家电十几年的使用寿命估算，从2003年起，我国至少有数百万台的各种家用电器报废，如今更是呈几何数增长。如果以每年报废1%的比例计算，每年的废弃量就在300万至400万之间，数量惊人。

由于家电的制作材料成分复杂，个别的家电材料还含有某种化学物质，不少电器及电子产品的电池和线路板上含有砷、铅、汞、锌等重金属。以电视和电脑的显像管为例，它们不仅仅是爆炸性的废物，其荧光屏还含有汞，如果擅自掩埋，将对地下水和土壤造成污染；如果擅自进行焚烧，产生的气体很容易使人中毒，严重时甚至可能诱发癌症、神经系统紊乱等疾病。由此可见，这些电子垃圾在为人们的生活带来便利的同时，也成了隐蔽的“定时炸弹”。

还有一种情况是，不法的旧货回收商为了追求短期效益，往往雇用一些没有资质的工人拆解废旧电器，并采用露天焚烧、强酸浸泡等原始落后的方式提取其中的贵重金属，随意排放废气、废液、废渣，这就对大气、土壤和水体造成了严重污染，直接危害人体健康。如果不通过正规渠道对这些旧电器作适当的销毁处理，而只是简单地作为城市垃圾烧掉、掩埋，同样会对土壤和水源造成危害，严重影响人们的健康。

事实上，废电器中有很大一部分并不是完全不能使用，不少电器虽然在外观上看似陈旧，但其基本功能还是完好的。如果把这些淘汰下来的旧电器统一当废品处理，着实可惜。一般来说，废家电的回收利用可以通过 3 种方式解决：加大回收力度、加强环保意识、搞活家电二手交易市场。不过，要实现这三种途径，还有比较长的路要走。

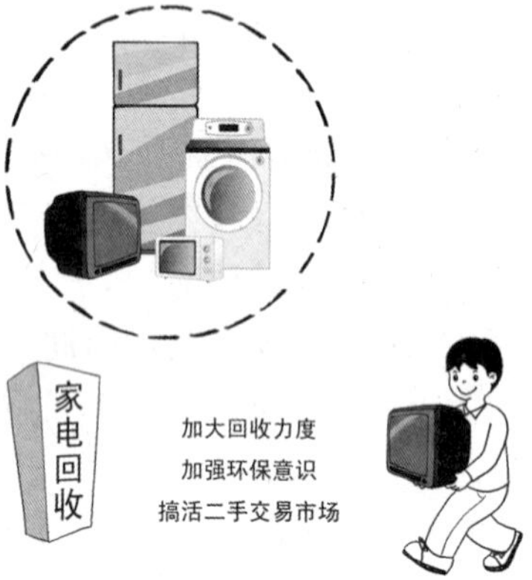

2010 年 4 月 1 日，国家已经发布和正式实施《废弃电器电子产品处理污染控制技术规范》，并于 2011 年 1 月 1 日正式实施了《废弃电器电子产品回收处理管理条例》，这些规范和条例的颁布实施，对促进我国废弃家电回收步入有法可依

的轨道有着巨大的促进作用。

5. 废油漆桶

废油漆桶是建筑、家庭装修后的废弃物。油漆品种繁多,其中含有有机溶剂的油漆具有明显的毒性。它挥发性高,易被人体吸入,可引起头痛、过敏等,甚至会使人昏迷,也是致癌物质。较为常见的油漆中含的铅会使人的神经、消化、血液循环和泌尿系统受损害。

6. 过期药品

一般家庭都会备有“小药箱”,但是药品一般都是有保质期的,我们也不是每天都需要用药,随着时间的推移,药品的药理作用也会发生变化。专家研究发现,过期药品不但疗效降低,成分改变,还可能成为致命的“毒药”,因为药品的酸、碱、水解等性质都很容易发生变化,储存不好还会发霉变质。比如维生素 C 经常与空气接触,就容易被氧化,而氧化后的维生素 C 会对人体产生危害。过期药品还会污染环境,药品一旦过期就很容易分解、蒸发,散发出有害气体,对环境特别是空气、土壤和水等造成污染,从而影响人们的健康。

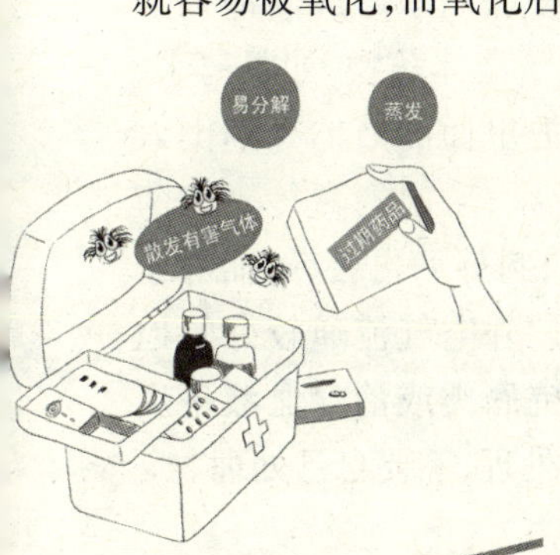

如果将这些过期药品当做普通垃圾丢弃,就会污染环境。

在现实生活中,有一些不法分子低价回收过期药品后将其流通到农村和小诊所、黑诊所,这样不仅对治疗没有帮助,还可能危害民众的身体健康,有的甚至会带来生命危险。使用过期药品酿成悲剧的报道实在是太多了。比如,2010 年 5 月下旬,黑龙江省哈尔滨市传染病医院因麻疹入院的儿童在注射了过期药品后出现了嗜睡、眼神呆滞、发烧不退、浑身颤抖甚至昏迷的症状,大部分用了过期药的麻疹患儿都相继出现脏器损害的症状,有 9 名儿童先后被送进了重症监护病房,这一事件给不少家庭带来了痛苦。

对于过期药品的处理,国家有明确的规定:一般要高温焚烧,经过层层过滤,最后产生的气体还必须符合国家的环保要求才能排放。针对家庭中的一般过期药,专家是这样建议的:口服片剂、固体片剂、胶囊等可以用水溶解后冲到下水道或丢到垃圾桶里;对于液体药物,如眼药水、外用药水、口服液等,要把里面的液体分别倒入下水道冲走,不要随意混杂;对眼药膏等膏状药膏,要挤出收集在信封内,封好后再丢弃;而对于喷雾剂之类的则须放在户外空气流通较好的地方,避免接触明火;对于抗癌类或治疗血液科疾病的药物,最好交由医院处理,不要自己处理。

现在不少城市的社区都设置了过期药品回收箱，为民众处理过期药品提供了好去处。

7. 过期化妆品

爱美之心，人皆有之。通常我们所理解的化妆品就是洁面乳、粉底霜、洗发膏、香水、口红等。现在的化妆品名目繁多，有清洁类的，有美容类的，还有疗效类的，按照剂型又有液体、膏、霜、粉等。但是化妆品也有保质期，如果在使用期限内没有用完，就成了过期产品。由于化妆品和人们的皮肤、身体直接接触，如果处理不当同样会影响我们的身心健康。过时的衣服和穿旧的衣服我们已经知道了解决方法，而对于家中过期的化妆品，是否可以随意扔进垃圾桶呢？答案是否定的。

我们在利用化妆品美化自己的同时，往往不会注意到化妆品的副作用，而过期化妆品的危害就更容易被忽视。有皮肤专家称，化妆品过期后会滋生大量细菌，化妆包就是个危险的藏污纳垢之所。过期眼部化妆品尤其有害，因为眼部皮肤娇嫩，更容易发生感染，且更容易发炎、发红、发痒。过期唇膏则会导致嘴唇发干、过敏或者起水泡。我们常用的化妆棉和化妆刷也是细菌的聚集地，如果不及时清洗消毒，会导致皮癣、痤疮等皮肤病的发生。这些都说明，过期化妆品不仅不会美化我们，还会给我们的容貌和健康带来困扰。

过期化妆品的危害：

- 滋生细菌；
- 养护功能丧失，有害无益；
- 造成皮肤过敏；
- 化妆工具滋生的细菌也会对健康造成危害。

过期化妆品不仅会影响我们的健康，如果随意处置它们，也会像随意处置过期药品一样，给环境带来负面影响。因为大多数化妆品也都是由复杂多样的化学成分制成的，如果不加控制地把它们当做普通生活垃圾来处置，水、土壤和空气也同样会被污染。

（四）建筑垃圾

其他垃圾主要包括砖瓦、陶瓷、渣土、卫生间废纸、纸巾等难以回收的废弃物。下面就“渣土”这种常见建筑垃圾作简单介绍。

建筑垃圾指建设或施工单位改建扩建或新建后拆除的各类建筑垃圾、构筑物或者居民装修房屋过程中所产生的弃土、弃料和其他废弃物。这些废弃物量大，而且材料构成纷繁复杂，民众不宜自行进行销毁，但是整体丢弃又会占用大量土地，挤压大家的生活空间。同时，清理和堆放过程中的粉尘、灰沙飞扬又会造成严重的环境污染，所以渣土的处置也是让人头疼的问题。目前各地为图省事随意倾倒渣土的现象时有发生。各地政府为整治疯狂乱倒渣土的车辆纷纷出台了很多政策，部分城市更是投入大量财政资金，采取给渣土车辆安装 GPS 定位器或者在建设工地安装 24 小时视频监控的办法来严查乱倒现象，但是效果并不尽如人意。而且在现实生活中，很多运送建筑垃圾的车辆并未安装 GPS 定位器，这就加大了监控的难度和复杂性。有的地方甚至出现了非法侵占土地作为渣土倾倒场的现象，而

且屡禁屡犯，很难完全消除。渣土处置过程中产生的扬灰、粉尘问题也已经影响到了民众的正常生活，不少“黑”渣土倾倒场还破坏了城市风貌。

其实，渣土也是可以变废为宝的。比如可以把渣土粉碎后用于制作砌筑砂浆、抹灰砂浆、打混凝土垫层，还可用于制作砌块、铺道砖、花格砖等建材制品，让不招人待见的渣土变成能够装点我们生活的宝贝。

（五）其他垃圾

其他垃圾是指除了以上的可回收物、有害垃圾、厨余垃圾和建筑垃圾之外的其他垃圾，主要包括使用过的面巾、餐巾纸、厕用纸等生活用纸，陶器、带塑料内衬的纸张、纸盒等。

厕用卫生废纸是生活中最常见也最令人头疼的一种生活垃圾。大多数人一般会把便后擦拭过的手纸扔进纸篓，每张手纸上沾染一点粪便，一堆手纸上的粪便相加就是一堆粪便。如果碰巧有腹泻病人，排便次数剧增，排出粪便中的病毒会更多，卫生间的废纸篓就成了病毒繁殖场。使用后的厕纸上

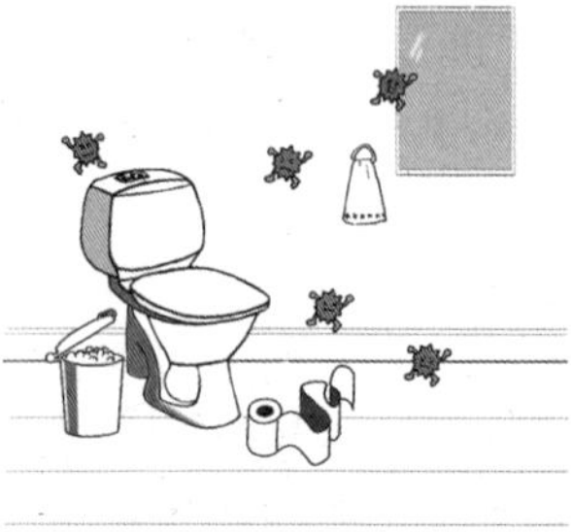

沾有大量的致病菌和病毒，这些细菌或病毒在卫生间温暖、潮湿的环境下迅速繁殖，大约每20至50分钟就可繁殖一代，并很快弥漫在卫生间的各个角落。这类废纸如不及时处理，不但会污染家里的环境，而且会成为传染源，严重威胁我们的健康。如果把这些废纸回收来造再生纸，再生纸中的细菌含量将会非常惊人，同样会影响我们的健康。可见，卫生间废纸并不具备回收价值。专家对生活用废纸的处置建议是，女性在特殊生理期可将卫生用品放入卫生间废纸篓另行处置，而将其他卫生纸丢入马桶随水冲走则有利于减少致病传染源。

随着民众生活水平的提高，面巾、餐巾纸和纸手帕已经取代布质手帕成为我们的随身必备物品。不过，这类废纸经过擦拭后也含有大量细菌甚至病毒，如果回收用于制造再生纸，同样会给人体带来健康威胁。

一次性餐具、食品包装袋都归类“其他垃圾”

归根到底，只有在日常生活中意识到生活垃圾的危害，才能从源头上彻底解决它潜在的问题。

第五章

处置生活垃圾小窍门

如前文所述，大量的生活垃圾给我们的日常生活带来了困扰，对我们的后代子孙的生活也潜在着威胁。不过，既然生活垃圾是人类自己制造的，相信人们也能够巧妙地利用它们，使它们重新成为我们的宝贵资源。

其实只要善用巧心思，家庭中那些要被我们丢弃的“废物”，都能变成有用的物品，这样不但能减少垃圾量，还能美化家庭呢。

下面就介绍一些处理生活垃圾的小窍门，让讨厌的生活垃圾经过我们巧妙的心思和双手，为我们的生活增光添彩，至少让它们变得不再那么麻烦。

(一) 可回收物的巧妙再利用

我们已经知道，可回收物主要包括纸类、塑料、玻璃、金属和织物 5 大类。只要开动脑筋，它们都可以变成我们的好帮手。

1. 塑料垃圾巧利用

我们虽然没有能力把废旧塑料制品加工成汽油等新产品,可是我们的双手可以让废旧塑料制品继续为我们出力。

1）塑料袋的再利用

① 当一次性垃圾袋用。垃圾随时有随时装,出门顺手带到垃圾箱,干净卫生,又免去了经常洗簸箕的麻烦。

② 当一次性手套用。把塑料袋的两个小角系好,手伸在里面可自如地活动,这样就避免了在做家务时手直接接触辛辣、油垢或其他刺激性的东西。

③ 焗黑油时用。爱美人士在家自己焗黑发油或擦黑皮鞋油时,以及平常打扫卫生、擦洗东西时,都可以把废旧塑料袋当做手套用,以保护皮肤。

④ 手上的油腻可以用塑料袋来擦洗。塑料袋的主要成分是聚乙烯,它是一种脂溶性有机物。聚乙烯和油分子的化学结构是相似的,二者很容易互相溶解,因此可以用塑料袋来擦油。将废塑料袋剪成小片,放在小盒中,要用的时候随手抽出来一张就可以了。

根据同一原理,塑料袋还能擦去奶油、汽油和机油。电话话筒以及手机的屏幕总是挨着脸,也容易油乎乎的,可以用塑料袋来擦拭清洁。

2）浴帽可防止坐垫被淋湿

雨天将旧浴帽套在自行车坐垫上,可避免坐垫被淋湿。

3）旧唱片的利用

把废旧的塑料唱片放在炉上烤软,用手轻轻地捏成荷叶状,这样就成了一个别致的水果盘。当然,还可以随心所欲地将其捏成其他各种样式,或用来盛装物品,或作摆设装饰,都别具特色。

4）废旧磁带的妙用

废旧磁带或质量低劣的磁带易损坏磁头,不能使用,但可用来给浅色的组合家具装潢表面。

具体方法是：在油漆组合家具的最后一遍漆快干时,将废磁带拉直粘贴在上面。组合家具油漆后,将白胶涂于磁带无光泽的一面,然后拉直贴于组合家具上。

5）旧牙刷巧利用

每天都会握到的门把容易积累污垢,找出旧牙刷和便宜的牙膏,将牙刷蘸上一点牙膏,刷一刷门把的轴心和缝隙,那些黑黑的手垢就会被牙膏中的研磨剂轻轻地磨去,门把马上就会光洁如新。

废牙刷去掉刷毛,将牙刷头部放入开水中,待其软化后,迅速用手将牙刷柄弯成钩(冷却变硬后再松手)，然后钉在适当的位置，就成了挂钩。

6）巧用废旧塑料瓶

不少废旧的塑料瓶可以用巧手改造成窗帘、花篮等，点缀我们的生活，美化我们的生活环境。

自制壁挂花篮

● 将一只雪碧饮料瓶的绿色底套取下，剪成莲花状，翻转向下和瓶身粘成底座；

● 在绿色底套上截取 2 厘米宽的绿色环，仍套在瓶身上；

● 去掉瓶颈，在瓶上剪出 13 厘米长、8 厘宽的宽带一条，以及 3 厘米宽的窄带若干条；

● 用刻刀在 3 厘米宽的窄条上刻出花纹，然后将这些窄条向外翻折，由下向上插入绿色环中；

● 取另一只饮料瓶，利用瓶身，用剪刀剪出 6 片 17 厘米长的蒴叶；

● 将花篮钉在墙上，插入叶子、鲜花，壁挂式花篮就做成了。

废弃的可乐瓶如果能合理地开发与运用，创编出各种意想不到的游戏，在公司运动会上采用，或者在学校的体育课上采用，可以使员工或学生在充分感受到游戏快乐的同时进一步增强环保意识。比如，将蓄满水的可乐瓶当做保龄球，也可以作为接力棒，等等。看来，只要肯动脑筋，本来已是垃圾的塑料瓶子也能成为我们快乐的伙伴呢。

7）巧用袜子包装小挂钩

袜子的包装上都带有一个小塑料挂钩，如果在壁柜或衣柜的门脊面固定一根挂物架，然后将那些小塑料挂钩用线固定在架子上，便可用来挂腰带、领带、围巾、帽子等小饰物了。

2. 纸类垃圾巧利用

在垃圾回收站，我们经常会看到各种各样的废纸被送到这里。众所周知，好的纸张是用木材造成的，1 吨废纸可再造 700 公斤好纸，可少砍 17 棵大树，还能减少生产纸浆过程中的能源消耗，节约能源。虽然我国废纸利用率高达 49%，但废纸回收率却低于 30%。我国造纸用废纸原料的进口依赖度逐年上升，2003 年已经高达 40%。国内废纸的回收率却没有改善，而且回收的废纸也大量被技术落后的小企业加工成纸板、卫生纸等低档次产品，没有发挥废纸的资源价值，还带来了严重的二次污染。为什么我们不能最大限度地回收废纸，而是听任它们混在垃圾里埋掉或者是烧掉？中国的林木资源只有世界平均值的25%，中国的江河湖泊已由于污水排放而遭到严重污染。应该是我们尽己所能、充分利用废旧纸质用品的时候了。

1）利用废旧报纸练字

我们可不能再浪费纸张，随意丢弃旧书旧报纸啦。增加纸张的利用率有很多方法，比如废报纸可以利用来练书法，而且正反两面都可书写，练字效果和使用新纸一样。

2）废报纸擦玻璃光亮无比

先在报纸上喷些水汽，然后仔细擦拭，最后用干报纸再擦拭一次，即可使玻璃光亮无比。

3）巧用废纸装点生活

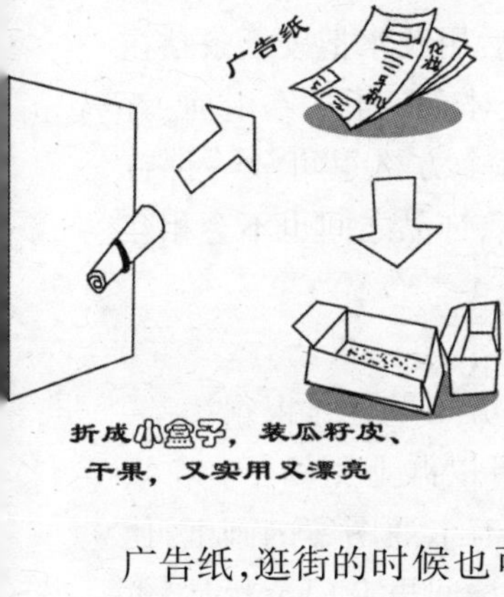

折成小盒子，装瓜籽皮、干果，又实用又漂亮

①在生活中，可以利用废纸做一些小制作品。以前有人把废报纸收起来，裁成一样大小，卷成轴，外面漆上油漆，穿成漂亮的门帘。现在经常能见到的废纸就是广告纸，房门上经常有人给插上广告纸，逛街的时候也可以收到不少，这些漂亮的广告纸，可以利用起来，折成小盒子，装瓜子

壳、干果，既实用又漂亮，可以给我们的生活增添情调。

② 硬一点的废旧彩画纸还可以折叠出精美的手工艺品，比如表示祝福的千纸鹤，用它们来装点我们的家居。还可以将多余的或过期的三角桌历用来收纳手链、项链、耳环、戒指等小饰品，不但摆放整齐，而且取用方便。

③ 我们还可以让废旧的大纸盒子变身成盛放废纸、矿泉水瓶或易拉罐、包装袋的家用分类垃圾桶。当这些可回收废弃物存放到一定的数量时，能回收的就把它们卖到废品回收站。

4）纸鞋盒变身首饰收纳盒

在大鞋盒四周用彩笔绘成彩色条纹状，再找些硬纸板，剪成大小均匀的纸条，每个纸条都隔 5 厘米剪 1 道口子；完成之后用胶水把硬纸条粘在盒底，然后把剩下的纸条对准口子插在上面，就形成了一个个小方格，每个方格里可放一件首饰。这样看上去一目了然，饰品之间也不会相互影响，取放时方便又快捷。

5）大纸箱变玩具箱

家里玩具太多，堆在房间里会显得很凌乱，这时废弃的大纸箱子就可以派上用场了。在纸箱的四周贴上色彩鲜艳、有卡通图案的画纸，使箱子变得美观可爱，放在房间里专门装玩具，也能使孩子养成收拾东西的好习惯。

6）纸杯花瓶

纸杯花瓶的制作过程：

● 将一次性纸杯的底部用裁纸刀小心地挖去；

● 将包装纸裁剪成纸杯面大小的扇形（注意要留出比杯子的周长多大约 1 厘米左右的边）；

● 用透明胶带将 2 个杯子组合黏结；

● 用胶棒涂抹包装纸后分别包裹好上下两个杯子，以丝带涂抹白胶粘于两个纸杯的接口处，粘好蝴蝶结与装饰花即可。

3. 废旧织物巧利用

① 不少心灵手巧的女士把丝袜改造成了丝袜花，放在花瓶里，也很美丽。

② 如果旧衣服上的扣子和扣眼完好，可以剪下来备用。做被罩、褥垫、靠背等需要开口的东西时，将剪下来的扣子和扣眼一边缝上一个，不仅利用了旧物，还可使取装里面的被、垫变得非常方便。

③ 破衣布可做抹布，也可以拼缝在一起做成冬季马桶上的垫圈，既干净又温暖，还省钱，一举多得。

④ 可以将旧牛仔裤的裤管剪下来，缝成手机

袋或笔袋，如果再缝上珠子、纽扣、亮片或图案，就可以创造出独一无二的风格。

⑤ 将穿破的长统袜筒部剪下，里面塞满棉花或剪碎的海绵，然后将一个个袜筒接缝起来，盘卷成圆盘状，用针线缝好，上面再加一些小装饰，就成了美观实用的靠垫了。

⑥ 伞面一般比较美观，而且纹路密实，适合做衣架罩。在旧伞面布的中心裁去 1 块直径约 2 厘米的伞面布，再用斜布条在裁口上滚 1 条边，这样，衣架罩就做成了。

还可将伞衣拆下，改制成图案花色各异的大小号尼龙手提袋。具体制作方法是：先将旧伞衣顺缝合处拆成小块（共 8 片）洗净、晒干、烫平。然后用其中 6 片颠倒拼接成长方形，2 片做提带或背带。可根据个人爱好和伞衣图案拼接制成各种各样的手提式尼龙袋。最后，装上提带或背带，装饰各式扣件即成。

⑦ 将旧口罩洗干净后剪成喜欢的形状（至少要两个口罩），再缝好装上拉链，便成了漂亮而且独特的零钱包了。

⑧ 废旧布料再利用：

● 巧变防潮布。将布料剪成大于储物罐口的适合形状，将其附在储物罐口，按照正常方式盖上储物罐的盖子，就成了防潮布。它可以防止罐内外的空气与湿气流通,防止里面的物品过快变质。

● 变身纸盒外套。把废弃的布料缝制成一个小盒子的形状套在纸盒上,或者用漂亮的布装饰纸盒外表,都可以给杂物带来一个漂亮的新家。

● 点缀储物格子。单调的储物格子总是让人觉得有缺憾,大面积改变颜色又不太可行,不如用布料裁剪成相应大小后用双面胶带固定在格子里,让格子本身也变成一种装饰。

● 变身装饰品。用布做成的珠链,既可以用来固定窗帘、装饰角落,还能搭配衣服,是非常"百搭"的物件。它的做法也很简单:裁剪布料,填充棉花,手工缝制成形,将其串联起来即可。

(二) 厨余垃圾的巧妙再利用

狭义的厨余垃圾是有机垃圾的一种,包括剩菜、剩饭、菜叶、果皮、蛋壳、茶渣、骨、贝壳等,泛指家庭生活饮食中所需用的来源生料及成品(熟食)或残留物。厨房产生的一些瓶罐等废弃物通过小小的改造,也能实现再生利用哦。

1) 废油巧利用

由于油类之间相互接触容易产生渗透,所以

在油渍上涂抹废油后,能比较容易地去除油渍。将厨房用纸在废油里浸透,用浸了油的纸巾擦抹有油污的抽油烟机。5 分钟后再用热水清洗,抽油烟机就很干净了。

2）面汤、饺了汤的妙用

面汤和饺子汤是家用洗洁剂的理想代用品,用它们洗锅碗,洗完后再用清水冲一下,去污效果不亚于洗洁精。

3）过期面包吐司有用场

家中的小块地毯如果弄脏了,可用热面包渣擦拭,之后将其挂在阴凉处,24 小时后,污渍即可消除。过期的吐司可用来清洁家中的物品,如电灯开关面板上经常会有黑色的污点,拿过期吐司中间柔软的部分来擦拭可以让它们变干净。

4）纸轴巧利用

保鲜膜用完后的纸轴可以拿来当擀面杖,要擀面时,在纸轴外面包一层保鲜膜即可,使用完后再将保鲜膜撕掉,清洁又方便。

做仰卧起坐时,把纸轴压在小腹上,能帮助消除腹部赘肉;臀部夹紧,由下往上拉,有提臀效果;如果放在脚底下踩,就是脚底按摩器了。

纸轴还可做衣架。用铁丝做成的细衣架吊挂衣服,时间久了会在衣服的两肩处留下类似折过的痕迹,第二年拿出来穿时,就必须再清洗、熨烫,无形中又增加了家务的负担。利用纸轴衣架可以解决这个问题。找两个纸轴,用剪刀将纸轴中间剪开,分别套在衣架的两侧(一边一个),纸轴衣架便完成了。圆滑的纸轴将衣服的两肩撑起,就不会让晾挂的衣服有任何折痕。

5)玻璃瓶好收纳

用过的玻璃罐头瓶、酱菜瓶可以刷洗干净,晾干后用来装各种豆子或者调味品。

6)牛奶盒、利乐包等食品包装有妙用

喝完牛奶剩下的利乐包剪掉上下封口,洗净晾干,整齐地排列在抽屉里,可以用来收纳抹布,或者内衣、袜子、领带等小物件。卷筒纸的纸轴也可以这么利用。因为它们的大小一致,摆放起来也很整齐。这样既可以使乱糟糟的抽屉整洁美观,又可以使没用的东西得到二次利用。

可以将喝完洗净的牛奶空盒裁开来,放在抽屉里当间隔使用,尤其是大盒的牛奶空盒横着裁开,用来放筷子、笔等长形物,妙用无比。

利乐包表层是特殊的 PE 塑胶膜,熨烫一下就可以将布粘在表层,装饰起来也很方便。用较长盒身的牛奶纸盒当基底,就能做出一排小抽屉,美观又实用。具体做法是:将牛奶盒纸盒顶部切开,只留下四方形的盒身部分,之后利用熨斗熨烫,即可将布料固定于盒身作为装饰。

将牛奶包装盒修剪成适当的高度,表面贴上包装纸,就成了方便实用的化妆用具整理盒。盒子中间也可以利用牛奶包装盒作隔断。

将几个牛奶包装盒用双面胶粘在一起，就可竖直放置筷子和搅拌用具之类的小物品。它们可以任意放在便于取用的地方。

放置电视遥控器和手机、眼镜等小物品的盒子，也可以用牛奶的包装盒制作，用双面胶黏接。如果安装上把手的话，整理和移动时会更方便。

还可将牛奶包装盒的盒身部分剪下，用铝箔纸包住，当做分隔便当里饭和菜的隔断。

做冰箱内垫。将牛奶包装盒清洗干净，用剪刀根据冰箱中小盒的大小剪开作为垫板，可以防止冰箱被弄脏。这些小垫板也可以垫在调料瓶和油瓶的下面使用。

另外，漂亮的糖果盒或者月饼盒可以用来当做储物盒，如果在上面挖一个小槽，把纸巾放在里边，就是抽取式纸巾盒了。

7）矿泉水瓶和色拉油瓶妙用多

在废矿泉水瓶的瓶肚上挖个孔，填入土壤，可以种盆栽，能为阳台或者餐桌增添不少生机。也可以将它拦腰切断，加上缎带作装饰，制成糖果收纳盒。

大的色拉油瓶中部切断后，装上水可以种水培植物，装上泥土就可以种花、种菜了。

8）汽水瓶和啤酒瓶盖用处大

别看汽水瓶或者啤酒瓶的瓶盖小，也有它们

的用武之地。可利用它来削除姜皮或者刮鱼鳞。具体做法是:取长约15厘米的小圆棒,在其一端钉上2至4个酒瓶盖。利用瓶盖端面的锯齿来刮鱼鳞,是一种很好的刮鱼鳞工具。

将酒瓶上的盖子收集在大玻璃瓶内,放在饭厅或客厅,可以成为很别致的装饰品。

有的瓶盖很美观,可用它做抽屉的拉手。先用钢铁片在瓶颈处刻一道环线,用一根浸满酒精的棉线在刻痕处拴住瓶子,点燃棉线,在火焰将要灭时把瓶子浸入冷水中,瓶口即可被割下来。利用大小适当的螺栓和羊眼可以将瓶口固定在抽屉上,再将瓶盖旋在瓶口上即可。

在家具的每条腿下面放1个罐头瓶盖,就可以轻松移动家具了。

用胶水将废弃无用的橡皮盖子固定在房门的背后外侧下角,可防止门在开关时与墙壁碰撞,起到保护房门的作用。

把瓶盖放在花盆的出水孔处再装上泥土,既能使水流通,又能防止泥土流失。

如要在软质木材或灰墙面上钻1个直径为2厘米左右的孔,可用1只螺栓把1只酒瓶盖固定住,然后把该螺栓卡在钻机头上,瓶盖即可在此“显身手”,起钻头的作用。

9)果皮等变肥料

我们每天从家里扔出的垃圾中有40%以上

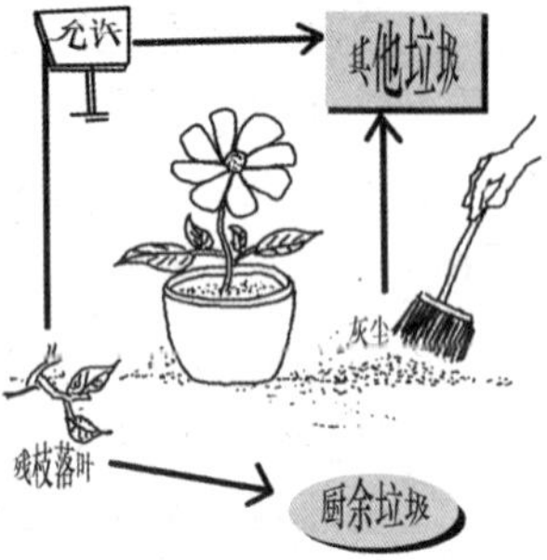

是果皮、蛋壳、菜叶、剩饭等厨房垃圾，这些垃圾可以用堆肥、发酵的方法处理为有机肥料或饲料。把它们做肥料，用米袋、塑料袋装好，再加上泥土，就可以用来种菜了，如果有小虫，还可以用米醋或者脱脂牛奶加水稀释当做驱虫剂喷洒。

10）淘米水可使浑水变清

把一定量的淘米水倒入水池内，浑浊的水会变得清澈明净。经常往鱼池里倒淘米水，不仅可给鱼加营养，还能使池水保持清洁。

11）变味牛奶除衣服上的果汁

在痕迹处涂上变味牛奶，1 小时后，用清水洗净即可。

12）苹果皮使铝锅光亮如新

将新鲜的苹果皮放在变黑的铝锅中，加水煮沸 1 刻钟，再用清水冲洗，铝锅就变得光亮如新了。

13）食用油铁桶改簸箕

食用油铁桶包装可改做簸箕。在铁桶最小的两个对称长方形面上，沿对角线外 1 厘米的平行线剪去 2 个斜三角，包括原出油孔和三角外侧硬的卷边都剪掉，然后敲打油桶使其四壁紧贴在一起变成两壁，并把所有外露的锋口卷边敲平，小簸箕就做成了。原桶壁很薄，做成双层壁的簸箕强度足够，只是注意在制作时不要划破手，不要让小孩触摸。

14）空奶粉罐巧利用

空奶粉罐可用来做小椅子，罐中还可放一些小杂物，可谓一举多得。

收集几个一样大小的铝箔罐，将上方有吸管插孔的一面用剪刀剪去，然后用清水彻底洗干净（不洗干净会引来蚂蚁）、晾干，这样就可以当做袜子的收纳盒。

奶粉罐里赠送的匙子不要丢掉，积到一定数量后，可把匙子叠起来并用热熔胶固定好，握柄的部分就可以用来当奶瓶架放置奶瓶了。

（三）其他垃圾的巧妙再利用

除了上述提到的废弃物之外的其他垃圾，如使用过的各类卫生纸和餐巾纸、带有塑料或蜡质衬里的纸张和纸盒等都是不可回收垃圾。

对于不可回收的生活垃圾，我们可以做一些力所能及的初步处理，使它们初步减量。这方面，我们应该借鉴日本的经验。日本是一个资源匮乏的国家，几乎所有的资源都需要从国外进口。资源的回收利用一直是这个国家国民生活中重要的一部分。学校老师讲课的时候，都会宣

扬日本资源匮乏，需要大家节约利用等知识。这种节约与回收利用的意识已经深入到每个日本人的内心。日本许多家庭都想方设法尽可能地减少垃圾和生活废品。比如，日本人会将吃剩下的骨类硬质性食物用铁锤敲碎，然后从洗碗池里冲走，那些实在不易弄碎的骨头，则会被拿到阳光下去晒，直到里面的水分全部晒干，以此来减轻它的重量。在日本，每个家庭都有一张关于垃圾回收的表，写着哪一天回收什么样的垃圾。可燃性厨房垃圾一般每周收两次，用不透明的专用垃圾回收袋装好，放在垃圾回收点，等垃圾回收人员收走。

如果我们细心一些，也可将一些不可回收生活垃圾变废为宝：

1）废海绵能使花木长时间得到充足的水分

将废旧海绵放在花盆底部，上面盖一层土，在浇花的时候，海绵可以起到蓄水作用，较长时间地供给花木充足的水分。

2）口香糖渣粘鞋

鞋子脱胶时，可将嘴里已嚼去糖分的口香糖渣吐出，把它塞进开口的鞋帮缝隙里，然后用力踩几下，鞋跟与鞋帮就会紧紧地黏在一起，其黏合牢度甚至胜过一般的胶水。

(四)如何减少生活垃圾的产生

现在城市中对于生活垃圾的分类标志已比较明确。2003 年 10 月,国家出台了《城市生活垃圾分类标志》,对生活垃圾分类垃圾桶的标准性标志做了科学的规范,之后还曾经作过修订,并更名为《生活垃圾分类标志》。根据国家制定的生活垃圾分类标志,生活垃圾被重新划分为 3 类,它们分别是可回收物、有害垃圾和其他垃圾。可回收物表示适宜回收和资源利用的垃圾,包括纸类、塑料、玻璃、织物和瓶罐等,用蓝色垃圾容器收集;有害垃圾表示含有害物质、需要特殊安全处理的垃圾,包括电池、灯管和日用化学品等,用红色垃圾容器收集;其他垃圾表示分类以外的垃圾,用灰色垃圾容器收集。上海生活垃圾分类垃圾桶也有自己的特色,它们为 4 色:红、蓝、绿、黑,分别对应"有害垃圾"、"可回收物"、"玻璃"和"其它垃圾"。从以上规定可以看出,目前我国分类垃圾桶的颜色并不是统一的,我们应该遵守自己所在地区的规定,按照垃圾桶上的分类标志正确投放垃圾。

从生活细节上减少垃圾的产生最为简便易行,以下介绍几个好的生活习惯:

1. 减少使用

① 每次买东西时，先想一想：我是否真正需要它？原有的是否真的不可再用？总之，减少消费，垃圾产生量自然会减少。

② 做饭时一次不要做得太多，吃剩的食物要妥善处置，不要随便倒进垃圾桶。

③ 购买商品时，选购绿色包装的商品，不买过度包装的商品。减少使用那些会塞满垃圾箱的包装袋，而选择购买散装产品和包装少的产品。

2. 废物利用

在把物品变成“废物”之前，先想一想：它还有利用价值吗？书包、铅笔盒等学习用品，不必要每学期都更换，勤俭节约是一种美德，比如纸张可以写两面，塑料袋可多次使用，水罐也可以变成笔筒。很多物品都可以捐赠或转让给他人使用，这样也能减少垃圾的产生。可以将不玩的玩具、不看的书本捐赠给需要的小朋友。

3. 循环再用

我们要养成废物分类的习惯，把可回收的废物循环利用。目前最普遍回收的是纸张和铝罐，透明塑料和玻璃瓶也可以回收。但纸巾、纸杯、纸包饮品及热敏传真纸并不可以回收。

4. 替代使用

我们应该尽量使用可回收并可反复使用的物品来代替用完即弃、不可回收的物品。如：

① 到商场或菜场购物带上环保布袋，少用塑料袋，这样既美观也环保。

② 中午吃饭或叫外卖时，自己准备餐盒，不用或少用一次性的饭盒。

③ 少用一次性物品，如一次性筷子、一次性茶杯等，这样可以在减少垃圾产生的同时，也保护了我们的森林资源。

④ 用充电电池代替一次性电池。

5. 各类废物减少方法

纸张及塑料各占生活垃圾总量的 21% 及 14%，要减少垃圾，让我们从减少纸张和塑料的使用量开始。

① 纸张要双面打印，利用旧纸张空白的背面，自制笔记本或草稿纸。

② 旧信封还可以用来装文件、票据等。

③ 不用贺年卡，拒收随处散发的无用的宣传品、小广告。

（五）生活垃圾分类小误区

误区一、厕纸卫生纸可回收

厕纸、卫生纸遇水即溶，不算可回收的“纸张”。类似的还有陶器、烟盒等。

误区二、厨余垃圾装袋扔进桶

常用的塑料袋，即使是可以降解的也远比餐厨垃圾更难腐蚀。此外，塑料袋本身是可回收垃圾。正确做法应该是：将厨余垃圾倒入垃圾桶，塑料袋另扔进“可回收垃圾”桶。

误区三、花生壳算其他垃圾

“果壳瓜皮”的标识就是花生壳，属于厨余垃圾。家里用剩的废弃食用油，目前也归

类在厨余垃圾。

误区四、残枝落叶算其他垃圾

残枝落叶属于厨余垃圾，包括家里开败的鲜花等。

(六) 生活垃圾分类常见疑问解答

① 问：洗衣粉、洗面奶等洗涤化妆用品属于其他垃圾吗？

答：洗涤化妆用品属于有毒有害垃圾。

② 问：纸巾属于可回收物吗？

答：属于其他垃圾。

③ 问：废弃的牛奶纸盒、酸奶塑料盒能作为可回收物吗？

答：可以，但应当洗净后投入“可回收物”收集桶内。

④ 啤酒瓶收破烂的都不要了，算其他垃圾吗？

答：错。啤酒瓶是玻璃材质，属于可回收物。只不过它个头大、利润低，遭嫌弃罢了。所以啤酒瓶和其他玻璃瓶还是要和报纸等放在一起，收集到一定量后一起卖掉。如果嫌它放在阳台上占地方，可投在小区里蓝色的

“可回收物”箱里，环卫工人会来收的。集中之后，会进入现有废品回收渠道。

⑤ 塑料纽扣是可回收物吗？

答：对。除塑料袋外的塑料制品，比如泡沫塑料、塑料瓶、硬塑料、橡胶及橡胶制品，都属于可回收物。

固废中心专家说，如果数量不大的话，纽扣也可以投在“其他垃圾”收集桶里。

⑥ 速冻饺子和豆腐的包装盒，都是厨房里产生的垃圾，它们是厨房垃圾吗？

答：错。一次性餐具、食品包装袋都属于“其他垃圾”。另外，用过的餐巾纸、卫生间的纸以及抽过的烟头、旧衣物，也属于其他垃圾。

⑦ 花生壳算其他垃圾吗？

答：错。它属于厨余垃圾。

⑧ 热水瓶胆和废旧灯管一样，属于有毒有害垃圾吗？

答：错。热水瓶胆本身是玻璃的，有一层很薄的水银，应该划为其他垃圾。另外，修正液之类毒性不强，也可以归为其他垃圾。

一般有危害性、传染性、易燃易爆的才被划为有害垃圾之列。居民生活中产生的有毒有害垃圾不是很多,像美发用的摩丝,里面有压力容器,易燃易爆;用剩的香水,里面的酒精成分多,易挥发。它们应作为有害垃圾处理。

⑨ 尘土居然算其他垃圾?

答:对。

⑩ 问:居民家庭装潢垃圾如何处理?

答:物业管理小区:将装潢垃圾放至小区指定的投放点,由物业公司联系环卫部门统一集中运输处置。

无物业管理小区:由居民或装潢公司自行联系环卫部门,有偿运输至指定场所处理。

国务院批转住房城乡建设部等部门关于进一步加强城市生活垃圾处理工作意见的通知

（国发〔2011〕9号）

国务院批转住房城乡建设部等部门关于进一步加强城市生活垃圾处理工作意见的通知

国发〔2011〕9号

各省、自治区、直辖市人民政府，国务院各部委、各直属机构：

国务院同意住房城乡建设部、环境保护部、发展改革委、教育部、科技部、工业和信息化部、监察部、财政部、人力资源社会保障部、国土资源部、农业部、商务部、卫生部、税务总局、广电总局、中央宣传部《关于进一步加强城市生活垃圾处理工作的意见》，现转发给你们，请认真贯彻执行。

国务院

二〇一一年四月十九日

关于进一步加强城市生活垃圾处理工作的意见

住房城乡建设部　环境保护部　发展改革

委　教育部　科技部　工业和信息化部　监察部　财政部　人力资源社会保障部　国土资源部　农业部　商务部　卫生部　税务总局　广电总局　中央宣传部

为切实加大城市生活垃圾处理工作力度,提高城市生活垃圾处理减量化、资源化和无害化水平,改善城市人居环境,现提出以下意见:

一、深刻认识城市生活垃圾处理工作的重要意义

城市生活垃圾处理是城市管理和环境保护的重要内容,是社会文明程度的重要标志,关系人民群众的切身利益。近年来,我国城市生活垃圾收运网络日趋完善,垃圾处理能力不断提高,城市环境总体上有了较大改善。但也要看到,由于城镇化快速发展,城市生活垃圾激增,垃圾处理能力相对不足,一些城市面临“垃圾围城”的困境,严重影响城市环境和社会稳定。各地区、各有关部门要充分认识加强城市生活垃圾处理的重要性和紧迫性,进一步统一思想,提高认识,全面落实各项政策措施,推进城市生活垃圾处理工作,创造良好的人居环境,促进城市可持续发展。

二、指导思想、基本原则和发展目标

（一）指导思想。以科学发展观为指导,按照全面建设小康社会和构建社会主义和谐社会的总体要求,把城市生活垃圾处理作为维护群众利益的重要工作和城市管理的重要内容，作为政府公共服务的一项重要职责，切实加强全过程控制和管理，突出重点工作环节，综合运用法律、行政、经济和技术等手段，不断提高城市生活垃圾处理水平。

（二）基本原则。

全民动员，科学引导。在切实提高生活垃圾无害化处理能力的基础上，加强产品生产和流通过程管理，减少过度包装，倡导节约和低碳的消费模式，从源头控制生活垃圾产生。

综合利用，变废为宝。坚持发展循环经济，推动生活垃圾分类工作，提高生活垃圾中废纸、废塑料、废金属等材料回收利用率，提高生活垃圾中有机成分和热能的利用水平，全面提升生活垃圾资源化利用工作。

统筹规划，合理布局。城市生活垃圾处理要与经济社会发展水平相协调，注重城乡统筹、区域规划、设施共享，集中处理与分散处理相结合，提高设施利用效率，扩大服务覆盖面。要科学制定标准，注重技术创新，因地制宜地选择先进适用的生活垃圾处理技术。

政府主导，社会参与。明确城市人民政府责任，在加大公共财政对城市生活垃圾处理投入的同时，采取有效的支持政策，引入市场机制，充分调动社会资金参与城市生活垃圾处理设施建设和运营的积极性。

（三）发展目标。到2015年，全国城市生活垃圾无害化处理率达到80%以上，直辖市、省会城市和计划单列市生活垃圾全部实现无害化处理。每个省（区）建成一个以上生活垃圾分类示范城市。50%的设区城市初步实现餐厨垃圾分类收运处理。城市生活垃圾资源化利用比例达到30%，直辖市、省会城市和计划单列市达到50%。建立完善的城市生活垃圾处理监管体制机制。到2030年，全国城市生活垃圾基本实现无害化处理，全面实行生活垃圾分类收集、处置。城市生活垃圾处理设施和服务向小城镇和乡村延伸，城乡生活垃圾处理接近发达国家平均水平。

三、切实控制城市生活垃圾产生

（四）促进源头减量。通过使用清洁能源和原料、开展资源综合利用等措施，在产品生产、流通和使用等全生命周期促进生活垃圾减量。限制包装材料过度使用，减少包装性废物产生，探索建立包装物强制回收制度，促进包装物回收再利用。组织净菜和洁净农副产品进城，推广使用菜篮子、布袋子。有计划地改进燃料结构，推广使用城市燃气、太阳能等清洁能源，减少灰渣产生。在宾馆、餐饮等服务性行业，推广使用可循环利用物品，限制使用一次性用品。

（五）推进垃圾分类。城市人民政府要根据当地的生活垃圾特性、处理方式和管理水平，科学制定生活垃圾分类办法，明确工作目标、实施步骤和政策措施，动员社区及家庭积极参与，逐步推行垃圾分类。当前重点要稳步推进废弃含汞荧光灯、废温度计等有害垃圾单独收运和处理工作，鼓励居民分开盛放和投放厨余垃圾，建立高水分有机生活垃圾收运系统，实现厨余垃圾单独收集循环利用。进一步加强餐饮业和单位餐厨垃圾分类收集管理，建立餐厨垃圾排放登记制度。

（六）加强资源利用。全面推广废旧商品回收利用、焚烧发电、生物处理等生活垃圾资源化利用方式。加强可降解有机垃圾资源化利用工作，组织开展城市餐厨垃圾资源化利用试点，统筹餐厨垃圾、园林垃圾、粪便等无害化处理和资源化利用，确保工业油脂、生物柴油、肥料等资源化利用产品的质量和使用安全。加快生物质能源回收利用工作，提高生活垃圾焚烧发电和填埋气体发电的能源利用效率。

四、全面提高城市生活垃圾处理能力和水平

（七）强化规划引导。要抓紧编制全国和各省（区、市）“十二五”生活垃圾处理设施建设规划，推进城市生活垃圾处理设施一体化建设和网络化发展，基本实现县县建有生活垃圾处理设施。各城市要编制生活垃圾处理设施规划,统筹安排城市生活垃圾收集、处置设施的布局、用地和规模,并纳入土地利用总体规划、城市总体规划和近期建设规划。编制城市生活垃圾处理设施规划,应当广泛征求公众意见,健全设施周边居民诉求表达机制。生活垃圾处理设施用地纳入城市黄线保护范围,禁止擅自占用或者改变用途,同时要严格控制设施周边的开发建设活动。

（八）完善收运网络。建立与垃圾分类、资源化利用以及无害化处理相衔接的生活垃圾收运网络,加大生活垃圾收集力度,扩大收集覆盖面。推广密闭、环保、高效的生活垃圾收集、中转和运输系统,逐步淘汰敞开式收运方式。要对现有生活垃圾收运设施实施升级改造,推广压缩式收运设备,解决垃圾收集、中转和运输过程中的脏、臭、噪声和遗洒等问题。研究运用物联网技术,探索线路优化、成本合理、高效环保的收运新模式。

（九）选择适用技术。建立生活垃圾处理技术评估制度,新的生活垃圾处理技术经评估后方可推广使用。城市人民政府要按照生活垃圾处理技术指南,因地制宜地选择先进适用、符合节约集约用地要求的无害化生活垃圾处理技术。土地资源紧缺、人口密度高的城市要优先采用焚烧处理技术,生活垃圾管理水平较高的城市可采用生物处理技术，土地资源和污染控制条件较好的城市可采用填埋处理技术。鼓励有条件的城市集成多种处理技术，统筹解决生活垃圾处理问题。

（十）加快设施建设。城市人民政府要把生活垃圾处理设施作为基础设施建设的重点，切实加大组织协调力度，确保有关设施建设顺利进行。要简化程序，加快生活垃圾处理设施立项、建设用地、环境影响评价、可行性研究、初步设计等环节的审批速度。已经开工建设的项目要抓紧施工，保证进度，争取早日发挥效用。要进一步加强监管，切实落实项目法人制、招投标制、质量监督制、合同管理制、工程监理制、工程竣工验收制等管理制度，确保工程质量安全。

（十一）提高运行水平。生活垃圾处理设施运营单位要严格执行各项工程技术规范和操作规程，切实提高设施运行水平。填埋设施运营单位要制定作业计划和方案，实行分区域逐层填埋作业，缩小作业面，控制设施周边的垃圾异味，防止废液渗漏和填埋气体无序排放。焚烧设施运营单位要足额使用石灰、活性炭等辅助材料，去除烟气中的酸性物质、重金属离子、二噁英等污染物，保证达标排放。新建生活垃圾焚烧设施，应安装排放自动监测系统和超标报警装置。运营单位要制定应急预案，有效应对设施故障、事故、进场垃圾量剧增等突发事件。切实加大人力财力物力的投入，解决设施设备长期超负荷运行问题，确保安全、高质量运行。建立污染物排放日常监测制度，按月向所在地住房城乡建设（市容环卫）和环境保护主管部门报告监测结果。

（十二）加快存量治理。各省（区、市）要开展非正规生活垃圾堆放点和不达标生活垃圾处理设施排查和环境风险评估，并制订治理计划。要优先开展水源地等重点区域生活垃圾堆放场所的生态修复工作，加快对城乡结合部等卫生死角长期积存生活垃圾的清理，限期改造不达标生活垃圾处理设施。

五、强化监督管理

（十三）完善法规标准。研究修订《城市市容和环境卫生管理条例》，加强生活垃圾全过程管理。建立健全生活垃圾处理标准规范体系，制定和完善生活垃圾分类、回收利用、工程验收、污染防治和评价等标准。进一步完善生活垃圾分类标识，使群众易于识别、便于投放。改进城市生活垃圾处理统计指标体系，做好与废旧商品回收利用指标体系的衔接。

（十四）严格准入制度。加强市场准入管理，严格设定城市生活垃圾处理企业资金、技术、人员、业绩等准入条件，建立和完善市场退出机制，进一步规范城市生活垃圾处理特许经营权招标投标管理。具体办法由住房城乡建设部会同有关部门制定。

（十五）建立评价制度。加强对全国已建成运行的生活垃圾处理设施运营状况和处理效果的监管，开展年度考核评价，公开评价结果，接受社会监督。对未通过考核评价的生活垃圾处理设施，要责成运营单位限期整改。要加快信用体系建设，建立城市生活垃圾处理运营单位失信惩戒机制和黑名单制度，坚决将不能合格运营以及不能履行特许经营合同的企业清出市场。

（十六）加大监管力度。切实加强各级住房城乡建设（市容环卫）和环境保护部门生活垃圾处理监管队伍建设。研究建立城市生活垃圾处理工作督察巡视制度，加强对地方政府生活垃圾处理工作以及设施建设和运营的监管。建立城市生活垃圾处理节能减排量化指标，落实节能减排目标责任。探索引入第三方专业机构实施监管，提高监管的科学水平。完善全国生活垃圾处理设施建设和运营监控系统，定期开展生活垃圾处理设施排放物监测，常规污染物排放情况每季度至少监测一次，二噁英排放情况每年至少监测一次，必要时加密监测，主要监测数据和结果向社会公示。

六、加大政策支持力度

（十七）拓宽投入渠道。城市生活垃圾处理

投入以地方为主,中央以适当方式给予支持。地方政府要加大投入力度,加快生活垃圾分类体系、处理设施和监管能力建设。鼓励社会资金参与生活垃圾处理设施建设和运营。开展生活垃圾管理示范城市和生活垃圾处理设施示范项目活动,支持北京等城市先行先试。改善工作环境,完善环卫用工制度和保险救助制度,落实环卫职工的工资和福利待遇,保障职工合法权益。

（十八）建立激励机制。严格执行并不断完善城市生活垃圾处理税收优惠政策。研究制定生活垃圾分类收集和减量激励政策,建立利益导向机制,引导群众分类盛放和投放生活垃圾,鼓励对生活垃圾实行就地、就近充分回收和合理利用。研究建立有机垃圾资源化处理推进机制和废品回收补贴机制。

（十九）健全收费制度。按照“谁产生、谁付费”的原则,推行城市生活垃圾处理收费制度。产生生活垃圾的单位和个人应当按规定缴纳垃圾处理费,具体收费标准由城市人民政府根据城市生活垃圾处理成本和居民收入水平等因素合理确定。探索改进城市生活垃圾处理收费方式,降低收费成本。城市生活垃圾处理费应当用于城市生活垃圾处理,不得挪作他用。

（二十）保障设施建设。在城市新区建设和旧城区改造中要优先配套建设生活垃圾处理设施，确保建设用地供应，并纳入土地利用年度计划和建设用地供应计划。符合《划拨用地目录》的项目，应当以划拨方式供应建设用地。城市生活垃圾处理设施建设前要严格执行建设项目环境影响评价制度。

（二十一）提高创新能力。加大对生活垃圾处理技术研发的支持力度，加快国家级和区域性生活垃圾处理技术研究中心建设，加强生活垃圾处理基础性技术研究，重点突破清洁焚烧、二噁英控制、飞灰无害化处置、填埋气收集利用、渗沥液处理、臭气控制、非正规生活垃圾堆放点治理等关键性技术，鼓励地方采用低碳技术处理生活垃圾。重点支持生活垃圾生物质燃气利用成套技术装备和大型生活垃圾焚烧设备研发，努力实现生活垃圾处理装备自主化。开展城市生活垃圾处理技术应用示范工程和资源化利用产业基地建设，带动市场需求，促进先进适用技术推广应用和装备自主化。

（二十二）实施人才计划。在高校设立城市生活垃圾处理相关专业，大力发展职业教育，建立从业人员职业资格制度，加强岗前和岗中职业培训，提高从业人员的文化水平和专业技能。

七、加强组织领导

（二十三）落实地方责任。城市生活垃圾处理工作实行省（区、市）人民政府负总责、城市人民政府抓落实的工作责任制。省(区、市)人民政府要对所属城市人民政府实行目标责任制管理,加强监督指导。城市人民政府要把城市生活垃圾处理纳入重要议事日程,加强领导,切实抓好各项工作。住房城乡建设部、发展改革委、环境保护部、监察部等部门要对省(区、市)人民政府的相关工作加强指导和监督检查。对推进生活垃圾处理工作不力,影响社会发展和稳定的,要追究责任。

(二十四)明确部门分工。住房城乡建设部负责城市生活垃圾处理行业管理,牵头建立城市生活垃圾处理部际联席会议制度,协调解决工作中的重大问题,健全监管考核指标体系,并纳入节能减排考核工作。环境保护部负责生活垃圾处理设施环境影响评价,制定污染控制标准,监管污染物排放和有害垃圾处理处置。发展改革委会同住房城乡建设部、环境保护部编制全国性规划,协调综合性政策。科技部会同有关部门负责生活垃圾处理技术创新工作。工业和信息化部负责生活垃圾处理装备自主化工作。财政部负责研究支持城市生活垃圾处理的财税政策。国土资源部负责制定生活垃圾处理设施用地标准,保障建设用地供应。农业部负责生活垃圾肥料资源化处理利用标准制定和肥料登记工作。商务部负责生活垃圾中可再生资源回收管理工作。

（二十五）加强宣传教育。要开展多种形式的主题宣传活动，倡导绿色健康的生活方式，促进垃圾源头减量和回收利用。要将生活垃圾处理知识纳入中小学教材和课外读物，引导全民树立“垃圾减量和垃圾管理从我做起、人人有责”的观念。新闻媒体要加强正面引导，大力宣传城市生活垃圾处理的各项政策措施及其成效，全面客观报道有关信息，形成有利于推进城市生活垃圾处理工作的舆论氛围。

各省（区、市）人民政府要在2011年8月底前将落实本意见情况报国务院，同时抄送住房城乡建设部。

城市生活垃圾管理办法

(2007年7月1日起施行)

第一章　总　则

第一条　为了加强城市生活垃圾管理,改善城市市容和环境卫生,根据《中华人民共和国固体废物污染环境防治法》、《城市市容和环境卫生管理条例》等法律、行政法规,制定本办法。

第二条　本办法适用于中华人民共和国境内城市生活垃圾的清扫、收集、运输、处置及相关管理活动。

第三条　城市生活垃圾的治理,实行减量化、资源化、无害化和谁产生、谁依法负责的原则。

国家采取有利于城市生活垃圾综合利用的经济、技术政策和措施,提高城市生活垃圾治理的科学技术水平,鼓励对城市生活垃圾实行充分回收和合理利用。

第四条　产生城市生活垃圾的单位和个人,应当按照城市人民政府确定的生活垃圾处理费收费标准和有关规定缴纳城市生活垃圾处理费。

城市生活垃圾处理费应当专项用于城市生

活垃圾收集、运输和处置，严禁挪作他用。

第五条　国务院建设主管部门负责全国城市生活垃圾管理工作。

省、自治区人民政府建设主管部门负责本行政区域内城市生活垃圾管理工作。

直辖市、市、县人民政府建设（环境卫生）主管部门负责本行政区域内城市生活垃圾的管理工作。

第六条　任何单位和个人都应当遵守城市生活垃圾管理的有关规定，并有权对违反本办法的单位和个人进行检举和控告。

第二章　治理规划与设施建设

第七条　直辖市、市、县人民政府建设（环境卫生）主管部门应当会同城市规划等有关部门，依据城市总体规划和本地区国民经济和社会发展计划等，制订城市生活垃圾治理规划，统筹安排城市生活垃圾收集、处置设施的布局、用地和规模。

制订城市生活垃圾治理规划，应当广泛征求公众意见。

第八条　城市生活垃圾收集、处置设施用地应当纳入城市黄线保护范围，任何单位和个人不得擅自占用或者改变其用途。

第九条　城市生活垃圾收集、处置设施建设,应当符合城市生活垃圾治理规划和国家有关技术标准。

第十条 从事新区开发、旧区改建和住宅小区开发建设的单位,以及机场、码头、车站、公园、商店等公共设施、场所的经营管理单位,应当按照城市生活垃圾治理规划和环境卫生设施的设置标准,配套建设城市生活垃圾收集设施。

第十一条 城市生活垃圾收集、处置设施工程建设的勘察、设计、施工和监理,应当严格执行国家有关法律、法规和技术标准。

第十二条 城市生活垃圾收集、处置设施工程竣工后,建设单位应当依法组织竣工验收,并在竣工验收后三个月内,依法向当地人民政府建设主管部门和环境卫生主管部门报送建设工程项目档案。未经验收或者验收不合格的,不得交付使用。

第十三条 任何单位和个人不得擅自关闭、闲置或者拆除城市生活垃圾处置设施、场所;确有必要关闭、闲置或者拆除的,必须经所在地县级以上地方人民政府建设(环境卫生)主管部门和环境保护主管部门核准,并采取措施,防止污染环境。

第十四条 申请关闭、闲置或者拆除城市生活垃圾处置设施、场所的,应当提交以下材料:

(一) 书面申请;

（二）权属关系证明材料；

（三）丧失使用功能或其使用功能被其他设施替代的证明；

（四）防止环境污染的方案；

（五）拟关闭、闲置或者拆除设施的现状图及拆除方案；

（六）拟新建设施设计图；

（七）因实施城市规划需要闲置、关闭或者拆除的，还应当提供规划、建设主管部门的批准文件。

第三章　清扫、收集、运输

第十五条　城市生活垃圾应当逐步实行分类投放、收集和运输。具体办法，由直辖市、市、县人民政府建设（环境卫生）主管部门根据国家标准和本地区实际制定。

第十六条　单位和个人应当按照规定的地点、时间等要求，将生活垃圾投放到指定的垃圾容器或者收集场所。废旧家具等大件垃圾应当按规定时间投放在指定的收集场所。

城市生活垃圾实行分类收集的地区，单位和个人应当按照规定的分类要求，将生活垃圾装入相应的垃圾袋内，投入指定的垃圾容器或者收集场所。

宾馆、饭店、餐馆以及机关、院校等单位应当按照规定单独收集、存放本单位产生的餐厨垃圾,并交符合本办法要求的城市生活垃圾收集、运输企业运至规定的城市生活垃圾处理场所。

禁止随意倾倒、抛洒或者堆放城市生活垃圾。

第十七条 从事城市生活垃圾经营性清扫、收集、运输的企业,应当取得城市生活垃圾经营性清扫、收集、运输服务许可证。

未取得城市生活垃圾经营性清扫、收集、运输服务许可证的企业,不得从事城市生活垃圾经营性清扫、收集、运输活动。

第十八条 直辖市、市、县建设(环境卫生)主管部门应当通过招投标等公平竞争方式作出城市生活垃圾经营性清扫、收集、运输许可的决定,向中标人颁发城市生活垃圾经营性清扫、收集、运输服务许可证。

直辖市、市、县建设(环境卫生)主管部门应当与中标人签订城市生活垃圾清扫、收集、运输经营协议。

城市生活垃圾清扫、收集、运输经营协议应当明确约定经营期限、服务标准等内容,作为城市生活垃圾清扫、收集、运输服务许可证的附件。

第十九条 从事城市生活垃圾经营性清扫、收集、运输服务的企业,应当具备以下条件:

(一)具备企业法人资格,从事垃圾清扫、收集的企业注册资本不少于人民币100万元，从事垃圾运输的企业注册资本不少于人民币300万元；

（二）机械清扫能力达到总清扫能力的20%以上，机械清扫车辆包括洒水车和清扫保洁车辆。机械清扫车辆应当具有自动洒水、防尘、防遗洒、安全警示功能，安装车辆行驶及清扫过程记录仪；

（三）垃圾收集应当采用全密闭运输工具，并应当具有分类收集功能；

（四）垃圾运输应当采用全密闭自动卸载车辆或船只，具有防臭味扩散、防遗洒、防渗沥液滴漏功能，安装行驶及装卸记录仪；

（五）具有健全的技术、质量、安全和监测管理制度并得到有效执行；

（六）具有合法的道路运输经营许可证、车辆行驶证；

（七）具有固定的办公及机械、设备、车辆、船只停放场所。

第二十条 从事城市生活垃圾经营性清扫、收集、运输的企业应当履行以下义务：

（一）按照环境卫生作业标准和作业规范，在规定的时间内及时清扫、收运城市生活垃圾；

（二）将收集的城市生活垃圾运到直辖市、市、县人民政府建设（环境卫生）主管部门认可的处理场所；

（三）清扫、收运城市生活垃圾后，对生活垃圾收集设施及时保洁、复位，清理作业场地，保持生活垃圾收集设施和周边环境的干净整洁；

（四）用于收集、运输城市生活垃圾的车辆、船舶应当做到密闭、完好和整洁。

第二十一条 从事城市生活垃圾经营性清扫、收集、运输的企业，禁止实施下列行为：

（一）任意倾倒、抛洒或者堆放城市生活垃圾；

（二）擅自停业、歇业；

（三）在运输过程中沿途丢弃、遗撒生活垃圾。

第二十二条 工业固体废弃物、危险废物应当按照国家有关规定单独收集、运输，严禁混入城市生活垃圾。

第四章 处 置

第二十三条 城市生活垃圾应当在城市生活垃圾转运站、处理厂（场）处置。

任何单位和个人不得任意处置城市生活垃圾。

第二十四条 城市生活垃圾处置所采用的技术、设备、材料，应当符合国家有关城市生活垃圾处理技术标准的要求，防止对环境造成污染。

第二十五条 从事城市生活垃圾经营性处置的企业，应当向所在地直辖市、市、县人民政府建设（环境卫生）主管部门取得城市生活垃圾经营性处置服务许可证。

未取得城市生活垃圾经营性处置服务许可证，不得从事城市生活垃圾经营性处置活动。

第二十六条 直辖市、市、县建设（环境卫生）主管部门应当通过招投标等公平竞争方式作出城市生活垃圾经营性处置许可的决定，向中标人颁发城市生活垃圾经营性处置服务许可证。

直辖市、市、县建设（环境卫生）主管部门应当与中标人签订城市生活垃圾处置经营协议，明确约定经营期限、服务标准等内容，并作为城市生活垃圾经营性处置服务许可证的附件。

第二十七条 从事城市生活垃圾经营性处置服务的企业，应当具备以下条件：

（一）具备企业法人资格，规模小于 100 吨/日的卫生填埋场和堆肥厂的注册资本不少于人民币 500 万元，规模大于 100 吨/日的卫生填埋场和堆肥厂的注册资本不少于人民币 5 000 万元，焚烧厂的注册资本不少于人民币 1 亿元；

（二）卫生填埋场、堆肥厂和焚烧厂的选址符合城乡规划，并取得规划许可文件；

（三）采用的技术、工艺符合国家有关标准；

（四）有至少 5 名具有初级以上专业技术职

称的人员,其中包括环境工程、机械、环境监测等专业的技术人员。技术负责人具有 5 年以上垃圾处理工作经历,并具有中级以上专业技术职称;

(五)具有完善的工艺运行、设备管理、环境监测与保护、财务管理、生产安全、计量统计等方面的管理制度并得到有效执行;

(六)生活垃圾处理设施配备沼气检测仪器,配备环境监测设施如渗沥液监测井、尾气取样孔,安装在线监测系统等监测设备并与建设(环境卫生)主管部门联网;

(七)具有完善的生活垃圾渗沥液、沼气的利用和处理技术方案,卫生填埋场对不同垃圾进行分区填埋方案、生活垃圾处理的渗沥液、沼气、焚烧烟气、残渣等处理残余物达标处理排放方案;

(八)有控制污染和突发事件的预案。

第二十八条 从事城市生活垃圾经营性处置的企业应当履行以下义务:

(一)严格按照国家有关规定和技术标准,处置城市生活垃圾;

(二)按照规定处理处置过程中产生的污水、废气、废渣、粉尘等,防止二次污染;

(三)按照所在地建设(环境卫生)主管部门规定的时间和要求接收生活垃圾;

（四）按照要求配备城市生活垃圾处置设备、设施，保证设施、设备运行良好；

（五）保证城市生活垃圾处置站、场（厂）环境整洁；

（六）按照要求配备合格的管理人员及操作人员；

（七）对每日收运、进出场站、处置的生活垃圾进行计量，按照要求将统计数据和报表报送所在地建设（环境卫生）主管部门；

（八）按照要求定期进行水、气、土壤等环境影响监测，对生活垃圾处理设施的性能和环保指标进行检测、评价，向所在地建设（环境卫生）主管部门报告检测、评价结果。

第五章 监督管理

第二十九条 国务院建设主管部门和省、自治区人民政府建设主管部门应当建立健全监督管理制度，对本办法的执行情况进行监督检查。

直辖市、市、县人民政府建设（环境卫生）主管部门应当对本行政区域内城市生活垃圾经营性清扫、收集、运输、处置企业执行本办法的情况进行监督检查；根据需要，可以向城市生活垃圾经营性处置企业派驻监督员。

第三十条 直辖市、市、县人民政府建设（环境卫生）主管部门实施监督检查时，有权采取下列措施：

（一）查阅复制有关文件和资料；

（二）要求被检查的单位和个人就有关问题做出说明；

（三）进入现场开展检查；

（四）责令有关单位和个人改正违法行为。

有关单位和个人应当支持配合监督检查并提供工作方便，不得妨碍与阻挠监督检查人员依法执行职务。

第三十一条 直辖市、市、县人民政府建设（环境卫生）主管部门应当委托具有计量认证资格的机构，定期对城市生活垃圾处理场站的垃圾处置数量、质量和环境影响进行监测。

第三十二条 城市生活垃圾经营性清扫、收集、运输、处置服务许可有效期届满需要继续从事城市生活垃圾经营性清扫、收集、运输、处置活动的，应当在有效期届满30日前向原发证机关申请办理延续手续。准予延续的，直辖市、市、县建设（环境卫生）主管部门应当与城市生活垃圾经营性清扫、收集、运输、处置企业重新订立经营协议。

第三十三条 有下列情形之一的，可以依法撤销许可证书：

（一）建设（环境卫生）主管部门工作人员滥用职权、玩忽职守作出准予城市生活垃圾清扫、收集、运输或者处置许可决定的；

（二）超越法定职权作出准予城市生活垃圾清扫、收集、运输或者处置许可决定的；

（三）违反法定程序作出准予城市生活垃圾清扫、收集、运输或者处置许可决定的；

（四）对不符合许可条件的申请人作出准予许可的；

（五）依法可以撤销许可的其他情形。

申请人以欺骗、贿赂等不正当手段取得许可的，应当予以撤销。

第三十四条 有下列情形之一的，从事城市生活垃圾经营性清扫、收集、运输或者处置的企业应当向原许可机关提出注销许可证的申请，交回许可证书；原许可机关应当办理注销手续，公告其许可证书作废：

（一）许可事项有效期届满，未依法申请延期的；

（二）企业依法终止的；

（三）许可证依法被撤回、撤销或者吊销的；

（四）法律、法规规定的其他应当注销的情形。

第三十五条 从事城市生活垃圾经营性清扫、收集、运输、处置的企业需停业、歇业的，应当提前半年向所在地直辖市、市、县人民政府建设（环境卫生）主管部门报告，经同意后方可停业或者歇业。

直辖市、市、县人民政府建设（环境卫生）主管部门应当在城市生活垃圾经营性清扫、收集、运输、处置企业停业或者歇业前，落实保障及时清扫、收集、运输、处置城市生活垃圾的措施。

第三十六条 直辖市、市、县人民政府建设（环境卫生）主管部门应当会同有关部门制定城市生活垃圾清扫、收集、运输和处置应急预案，建立城市生活垃圾应急处理系统，确保紧急或者特殊情况下城市生活垃圾的正常清扫、收集、运输和处置。

从事城市生活垃圾经营性清扫、收集、运输和处置的企业，应当制定突发事件生活垃圾污染防范的应急方案，并报所在地直辖市、市、县人民政府建设（环境卫生）主管部门备案。

第三十七条 从事城市生活垃圾经营性清扫、收集、运输或者处置的企业应当按照国家劳动保护的要求和规定，改善职工的工作条件，采取有效措施，逐步提高职工的工资和福利待遇，做好职工的卫生保健和技术培训工作。

第六章 法律责任

第三十八条 单位和个人未按规定缴纳城市生活垃圾处理费的，由直辖市、市、县人民政府建设（环境卫生）主管部门责令限期改正，逾期不改正的，对单位可处以应交城市生活垃圾处理费三倍以下且不超过 3 万元的罚款，对个人可处以应交城市生活垃圾处理费三倍以下且不超过 1 000 元的罚款。

第三十九条 违反本办法第十条规定，未按照城市生活垃圾治理规划和环境卫生设施标准配套建设城市生活垃圾收集设施的，由直辖市、市、县人民政府建设（环境卫生）主管部门责令限期改正，并可处以 1 万元以下的罚款。

第四十条 违反本办法第十二条规定，城市生活垃圾处置设施未经验收或者验收不合格投入使用的，由直辖市、市、县人民政府建设主管部门责令改正，处工程合同价款 2% 以上 4% 以下的罚款；造成损失的，应当承担赔偿责任。

第四十一条 违反本办法第十三条规定，未经批准擅自关闭、闲置或者拆除城市生活垃圾处置设施、场所的，由直辖市、市、县人民政府建设（环境卫生）主管部门责令停止违法行为，限期改正，处以 1 万元以上 10 万元以下的罚款。

第四十二条 违反本办法第十六条规定，随意倾倒、抛洒、堆放城市生活垃圾的，由直辖市、市、县人民政府建设（环境卫生）主管部门责令停止违法行为，限期改正，对单位处以 5 000 元以上 5 万元以下的罚款。个人有以上行为的，处以 200 元以下的罚款。

第四十三条 违反本办法第十七条、第二十五条规定，未经批准从事城市生活垃圾经营性清扫、收集、运输或者处置活动的，由直辖市、市、县人民政府建设(环境卫生)主管部门责令停止违法行为，并处以3万元的罚款。

第四十四条 违反本办法规定，从事城市生活垃圾经营性清扫、收集、运输的企业在运输过程中沿途丢弃、遗撒生活垃圾的，由直辖市、市、县人民政府建设(环境卫生)卫生主管部门责令停止违法行为，限期改正，处以5 000元以上5万元以下的罚款。

第四十五条 从事生活垃圾经营性清扫、收集、运输的企业不履行本办法第二十条规定义务的，由直辖市、市、县人民政府建设(环境卫生)主管部门责令限期改正，并可处以5 000元以上3万元以下的罚款:城市生活垃圾经营性处置企业不履行本办法第二十八条规定义务的，由直辖市、市、县人民政府建设(环境卫生)主管部门责令限期改正，并可处以3万元以上10万元以下的罚款。造成损失的，依法承担赔偿责任。

第四十六条 违反本办法规定，从事城市生活垃圾经营性清扫、收集、运输的企业，未经批准擅自停业、歇业的，由直辖市、市、县人民政府建设(环境卫生)主管部门责令限期改正，并可处以1万元以上3万元以下罚款;从事城市生活垃圾经营性处置的企业,未经批准擅自停业、歇业的,由直辖市、市、县人民政府建设(环境卫生)主管部门责令限期改正,并可处以5万元以上10万元以下罚款。造成损失的,依法承担赔偿责任。

第四十七条 违反本办法规定的职权和程序,核发城市生活垃圾清扫、收集、运输、处理许可证的,由上级主管机关责令改正,并对其主管人员及其他直接责任人员给予行政处分;构成犯罪的,应当追究刑事责任。

国家机关工作人员在城市生活垃圾监督管理工作中,玩忽职守、滥用职权、徇私舞弊的,依法给予行政处分;构成犯罪的,依法追究刑事责任。

第七章 附 则

第四十八条 城市建筑垃圾的管理适用《城市建筑垃圾管理规定》(建设部令第139号)。

第四十九条 本办法的规定适用于从事城市生活垃圾非经营性清扫、收集、运输、处置的单位;但是,有关行政许可的规定以及第四十五条、第四十六条的规定除外。

第五十条 城市生活垃圾清扫、收集、运输服务许可证和城市生活垃圾处置服务许可证由国务院建设主管部门统一规定格式,省、自治区人民政府建设主管部门和直辖市人民政府建设

（环境卫生）主管部门组织印制。

第五十一条 本办法自2007年7月1日起施行。1993年8月10日建设部颁布的《城市生活垃圾管理办法》（建设部令第27号）同时废止。

北京市生活垃圾管理条例

（2012年3月1日起施行）

第一章 总 则

第一条 为了加强生活垃圾管理，改善城乡环境，保障人体健康，维护生态安全，促进首都经济社会可持续发展，依据国家有关法律、法规，结合本市实际情况，制定本条例。

第二条 本市行政区域内生活垃圾的管理活动适用本条例。

本条例所称生活垃圾，包括单位和个人在日常生活中或者为日常生活提供服务的活动中产生的固体废物，以及法律、行政法规规定视为生活垃圾的建筑垃圾等固体废物。

危险废物、医疗废物、废弃电器电子产品按照国家相关法律、法规和本市其他有关规定进行管理。

第三条 生活垃圾处理是关系民生的基础性公益事业。加强生活垃圾管理，维护公共环境和节约资源是全社会共同的责任。

本市生活垃圾管理工作遵循减量化、资源化、无害化的方针和城乡统筹、科学规划、综合利用的原则,坚持政府主导、社会参与、全市统筹和属地负责,逐步建立和完善生活垃圾处理的社会服务体系。

第四条 生活垃圾管理是本市各级人民政府的重要职责。

市人民政府统一领导全市生活垃圾管理工作,将生活垃圾管理事业纳入本市国民经济和社会发展规划,确定生活垃圾管理目标,统筹设施规划布局,制定促进生活垃圾减量化、资源化、无害化的经济、技术政策和措施,保障生活垃圾治理的资金投入。

区、县人民政府负责本行政区域内的生活垃圾管理工作,将生活垃圾管理事业纳入区、县国民经济和社会发展规划,保障生活垃圾治理的资金投入,组织落实市人民政府确定的生活垃圾管理目标。

乡镇人民政府和街道办事处负责本辖区内生活垃圾的日常管理工作,指导村民委员会、居民委员会组织动员辖区内单位和个人参与生活垃圾减量、分类工作。

第五条 市政市容行政主管部门负责本行政区域内生活垃圾管理工作的综合协调、督促指导、检查考核和生活垃圾投放、收集、运输、处理的监督管理。

发展改革、财政、国土资源、环境保护、规划、住房城乡建设、交通、农村工作、商务、卫生、工商、园林绿化、公安、城管执法等部门,按照法律、法规、规章和本级人民政府确定的职责,相互协调配合,做好生活垃圾管理的相关工作。

第六条 单位和个人应当遵守国家和本市生活垃圾管理的规定,依法履行生活垃圾产生者的责任,减少生活垃圾产生,分类投放生活垃圾,并有权对违反生活垃圾管理的行为进行检举和控告。

第七条 从事生活垃圾清扫、收集、运输、处理服务的企业事业单位应当按照作业标准以及相关规定,提供安全并符合环境保护要求的服务。

本市制定鼓励政策,引导社会投资进入生活垃圾清扫、收集、运输、处理及循环利用等领域。

第八条 本市按照多排放多付费、少排放少付费,混合垃圾多付费、分类垃圾少付费的原则,逐步建立计量收费、分类计价、易于收缴的生活垃圾处理收费制度,加强收费管理,促进生活垃圾减量、分类和资源化利用。具体办法由市人民政府制定。

产生生活垃圾的单位和个人应当按照规定缴纳生活垃圾处理费。

第九条 本市坚持高标准建设、高水平运行生活垃圾处理设施,采用先进技术,因地制宜,综合运用焚烧、生化处理、卫生填埋等方法处理生活垃圾，逐步减少生活垃圾填埋量。

本市支持生活垃圾处理的科技创新，促进生活垃圾减量化、资源化、无害化先进技术、工艺的研究开发与转化应用，提高生活垃圾再利用和资源化的科技水平。

本市鼓励单位和个人使用再利用产品、再生产品以及其他有利于生活垃圾减量化、资源化的产品。

第十条　报刊、广播、电视和网络等媒体应当加强对生活垃圾管理的宣传，普及相关知识，增强社会公众的生活垃圾减量、分类意识。

市政市容行政主管部门应当组织生活垃圾集中收集、运输、处理设施对公众开放，建立生活垃圾管理宣传教育基地。

教育行政主管部门应当将生活垃圾减量、分类、处理的知识，纳入中小学校课程。

第十一条　本市对在生活垃圾管理工作中做出突出贡献和取得优异成绩的单位和个人给予奖励。

第二章　规划与建设

第十二条　市市政市容行政主管部门应当会同市政府有关部门，组织编制市生活垃圾处理规划，报市人民政府批准后实施。涉及设施规划布局和用地的，纳入本市城乡规划和土地利用规划。

本市生活垃圾处理规划应当明确生活垃圾处理体系，确定设施总体布局，统筹生活垃圾处理流向、流量。

第十三条 区、县人民政府应当根据市生活垃圾处理规划，组织编制本区、县生活垃圾处理规划，报市市政市容行政主管部门备案。涉及设施建设的，应当与所在地的控制性详细规划相衔接。

区、县生活垃圾处理规划应当明确本区、县生活垃圾的处理方式，确定生活垃圾设施的布局和处理工艺、能力。

第十四条 编制涉及生活垃圾处理设施建设的城乡规划，组织编制机关应当依法征求专家和公众的意见。规划草案报送审批前，应当依法予以公告，公告的时间不得少于30日，报送审批的材料中附意见采纳情况及理由。

第十五条 本市有关部门编制城乡规划年度实施计划、年度投资计划、年度土地供应计划时，应当统筹安排重点生活垃圾集中转运、处理设施的建设。

区、县人民政府应当根据本市的统筹安排，制定年度生活垃圾集中收集、转运、处理设施的建设工作计划并组织实施，保障生活垃圾集中收集、转运、处理设施的建设与运行。

第十六条 按照城乡规划、土地利用规划确定的生活垃圾集中收集、转运、处理设施建设用地,未经法定程序,不得改变用途。

规划行政主管部门应当会同市政市容、环境保护等有关部门编制生活垃圾处理设施规划管理技术标准,根据设施的工艺和规模,对设施周边地区实施规划控制。

第十七条 本市对生活垃圾集中转运、处理设施建设、运行及周边环境保护建设,给予资金、土地等方面的支持与保障。

第十八条 新建、改建、扩建生活垃圾集中收集、转运、处理设施应当符合生活垃圾处理规划。

发展改革部门批准、核准生活垃圾集中转运、处理设施建设项目时,应当就项目处理工艺、规模、服务范围等内容征求市政市容行政主管部门的意见,市政市容行政主管部门应当及时提供相关意见。

第十九条 建设生活垃圾集中转运、处理设施,应当依法进行环境影响评价,分析、预测和评估可能对周围环境造成的影响,并提出环境保护措施。建设单位应当将环境影响评价结论向社会公示。

建设单位在报批环境影响文件前,应当征求

有关单位、专家和公众的意见。报送环境影响文件时，应当附具对有关单位、专家和公众的意见采纳或者不采纳的说明。

生活垃圾集中收集、转运、处理设施建设应当符合国家和本市有关标准，采取密闭、渗沥液处理、防臭、防渗、防尘、防噪声、防遗撒等污染防控措施；现有设施达不到标准要求的，应当制定治理计划，限期进行改造，达到环境保护要求。

第二十条 市市政市容行政主管部门应当会同市规划、发展改革、住房城乡建设等行政主管部门，组织编制建设工程配套生活垃圾分类设施建设标准。

市规划行政主管部门应当将建设工程配套生活垃圾分类设施建设标准中的有关内容，纳入本市建设项目公共服务设施配套建设指标，并在对公共建筑项目进行行政许可审查时，就生活垃圾分类设施的配套建设征求市政市容行政主管部门的意见。

第二十一条 新建、改建、扩建建设项目，应当按照标准配套建设生活垃圾分类设施，建设工程设计方案应当包括配套生活垃圾分类设施的用地平面图并标明用地面积、位置和功能。

建设工程配套生活垃圾分类设施应当与建设项目主体工程同步设计、同步建设、同步交付使用，建设费用纳入建设工程总投资；建设工程竣工后，建设单位应当向市政市容行政主管部门申请验收配套生活垃圾分类设施。

新建住宅建设项目，建设单位应当在销售场所公示配套生活垃圾分类设施的设置位置、功能等内容，并在房屋买卖合同中明示。

第二十二条 任何单位和个人不得擅自拆除、迁移、改建、停用生活垃圾集中收集、转运、处理设施或者改变其用途。确需拆除、迁移、改建、停用生活垃圾集中收集、转运、处理设施的，应当经市政市容行政主管部门和环境保护行政主管部门核准，并按照规定先行重建、补建或者提供替代设施。

第二十三条 生活垃圾填埋场停止使用的，运行管理单位应当按照国家和本市相关标准、规定实施封场工程，并做好封场后的维护管理工作。

第三章 减量与分类

第二十四条 生产者、销售者应当严格执行国家和本市对限制产品过度包装的标准和要求，减少包装材料的过度使用和包装性废物的产生；对列入国家强制回收目录的产品和包装物按照规定予以标注，并进行回收。

第二十五条 单位和个人应当减少使用或者按照规定不使用一次性用品，优先采购可重复使用和再利用产品。

本市鼓励净菜上市，提倡有条件的居住区、家庭安装符合标准的厨余垃圾处理装置。

第二十六条 餐饮经营单位应当在餐饮服务场所设置不剩餐的醒目标识，在服务过程中提示消费者合理消费，适量点餐。

餐饮行业协会应当在餐厨垃圾减量化工作中发挥行业自律和服务作用，引导企业行为，推广先进技术，督促落实本市餐厨垃圾管理的有关规定。

第二十七条 市和区县人民政府应当加快建筑垃圾资源化处理设施建设，提高处理能力，并制定建筑垃圾综合管理循环利用政策，促进建筑垃圾排放减量化、运输规范化、处置资源化以及再生产品利用规模化。

本市市政市容、住房城乡建设等相关行政主管部门应当加强对建筑垃圾的全程控制和管理，制定建筑垃圾再生产品质量标准、应用技术规程，采取措施鼓励建设工程选用建筑垃圾再生产品和可回收利用的建筑材料，支持建筑垃圾再生产品的生产企业发展。

建设单位、施工单位应当根据建筑垃圾减排处理和绿色施工有关规定，采取措施减少建筑垃圾的产生，对施工工地的建筑垃圾实施集中分类管理；具备条件的，对工程施工中产生的建筑垃圾进行综合利用。

第二十八条 市商务行政主管部门应当会同有关部门编制再生资源回收体系建设规划，建立健全再生资源回收体系，合理布局再生资源回收网点，规范再生资源回收市场秩序，加强服务与管理。

第二十九条 可回收物应当交由经商务行政主管部门备案的再生资源回收经营者处置，或者投入可回收物收集容器中。

市商务行政主管部门应当会同有关部门制定并公布可回收目录，将回收统计数据纳入生活垃圾统计内容。

第三十条 再生资源回收经营者应当到区县商务行政主管部门备案，并遵守下列规定：

（一）在服务范围内，公示可回收物目录，公布回收价格及服务电话；

（二）根据可回收物目录，扩大收集渠道，做到应收尽收；

（三）配备相应的贮存设施设备，不同种类的物品应当分类贮存；

（四）运输可回收物品，采取措施防止扬散、渗漏；

（五）消防、环境保护和市容环境卫生等法律、法规、规章的其他规定。

再生资源回收经营者可以采取固定站点回

收、定时定点回收、上门回收等方式，开展回收服务，方便单位和个人交售可回收物品。

第三十一条 本市按照全程管理、系统衔接、科学分类、适应处理的原则建立生活垃圾分类制度，对生活垃圾实行分类投放、分类收集、分类运输、分类处理。具体办法由市人民政府制定。

市市政市容行政主管部门应当会同有关部门根据有利于减量化、资源化和便于识别、便于分类投放的原则，以及本市生活垃圾的特性、处理方式，制定生活垃圾分类标准向社会公布，并根据生活垃圾处理结构的变化进行调整。

产生生活垃圾的单位和个人应当按照下列规定分类投放生活垃圾：

（一）餐厨垃圾、厨余垃圾、可回收物、其它垃圾分别投入相应标识的收集容器；

（二）废旧家具等体积较大的废弃物品，单独堆放在生活垃圾分类管理责任人指定的地点；

（三）建筑垃圾按照生活垃圾分类管理责任人指定的时间、地点和要求单独堆放；

（四）农村村民日常生活中产生的灰土单独投放在相应的容器或者分类管理责任人指定的地点；

（五）国家和本市有关生活垃圾分类投放的其他规定。

危险废物、医疗废物、废弃电器电子产品应当单独收集,不得混入生活垃圾。

第三十二条 本市实行生活垃圾分类管理责任人制度。生活垃圾分类管理责任人按照下列规定确定:

(一) 城市居住地区,包括住宅小区、胡同、街巷等,实行物业管理的,由物业管理单位负责;单位自管的,由自管的单位负责。

(二) 农村居住地区,由村民委员会负责。

(三) 机关、部队、企业事业单位、社会团体及其他组织的办公管理区域,由本单位负责。

(四) 公共建筑,由所有权人负责;所有权人委托管理单位管理的,由管理单位负责。

(五) 建设工程的施工现场,由建设单位负责。

(六) 集贸市场、商场、展览展销、餐饮服务、沿街商铺等经营场所,由经营管理单位负责。

(七) 机场、火车站、长途客运站、公交场站、轨道交通车站,由管理单位负责。

(八) 河湖及其管理范围,由河湖管理单位负责。

(九) 公园、风景名胜区、旅游景点,由管理单位负责。

(十) 城市道路、公路及其人行过街桥、人行地下过街通道等附属设施,由清扫保洁单位负责。

按照前款规定不能确定生活垃圾分类管理责任人的,由所在地街道办事处或者乡镇人民政府负责。

第三十三条 生活垃圾分类管理责任人应当遵守下列规定:

(一)建立生活垃圾分类日常管理制度;

(二)在责任范围内开展生活垃圾分类知识宣传,指导、监督单位和个人进行生活垃圾分类;

(三)根据生活垃圾产生量和分类方法,按照相关规定设置生活垃圾分类收集容器,并保持生活垃圾分类收集容器完好和整洁美观,出现破旧、污损或者数量不足的,及时维修、更换、清洗或者补设;

(四)明确不同种类生活垃圾的投放时间、地点,分类收集、贮存生活垃圾;

(五)将生活垃圾交由有资质的单位收集运输,并签订生活垃圾收集运输服务合同,合同示范文本由市市政市容行政主管部门会同相关部门制定并公布;

(六)及时制止翻拣混合已分类的生活垃圾的行为;

(七)国家和本市的其他规定。

第三十四条 生活垃圾分类管理责任人应当按照规定,向所在地的街道办事处或者乡镇人民政府进行生活垃圾排放登记,并提供生活垃圾收集运输服务合同。

广州市城市生活垃圾分类管理暂行规定

（2011 年 4 月 1 日起施行）

第一条 为加强城市生活垃圾分类管理，提高城市生活垃圾减量化、资源化、无害化水平，根据《中华人民共和国固体废物污染环境防治法》、《中华人民共和国循环经济促进法》、《广州市市容环境卫生管理规定》等有关法律、法规，结合本市实际，制定本规定。

第二条 本规定所称城市生活垃圾分类，是指按照城市生活垃圾的组成、利用价值以及环境影响等，并根据不同处理方式的要求，实施分类投放、分类收集、分类运输和分类处置的行为。

第三条 本规定适用于本市行政区域内的行政街、镇人民政府所在地的建成区和其他实行城市化管理的区域。

第四条 城市生活垃圾分类工作应当遵循先易后难、循序渐进、分步实施的原则。

2012 年本市应当建立完善的城市生活垃圾分类收集处理系统。

城市生活垃圾分类工作的具体实施区域由市城市管理行政主管部门划定并公布。

第五条 市城市管理行政主管部门主管本市城市生活垃圾分类工作,负责本规定的组织实施。区、县级市城市管理行政主管部门负责本行政区域内的城市生活垃圾分类管理工作。

街道办事处、镇人民政府依照职责分工具体负责本辖区内的城市生活垃圾分类管理工作。

其他相关行政主管部门按照下列规定履行职责:

(一) 经贸行政主管部门负责再生资源(分类后的可回收物)回收利用的管理;

(二) 教育行政主管部门负责学校、幼儿园的城市生活垃圾分类的宣传教育和推广工作;

(三) 环保行政主管部门负责指导危险废物(分类后的有害垃圾)、餐饮垃圾的回收和处理,加强对危险废物、餐饮垃圾的回收、处理的监督管理;

(四) 文化广电新闻出版行政主管部门负责加强对广播电台、电视台、报纸、期刊等宣传媒体发布城市生活垃圾分类公益广告的监督管理;

(五) 规划行政主管部门负责将包含城市生活垃圾分类规划内容的城市环境卫生专业规划纳入城市规划,通过规划布局、预留和控制相应的设施用地。

第六条 社区居民委员会、业主委员会、物业服务企业应当督促和动员单位、个人积极参加城市生活垃圾分类工作。

第七条 市城市管理行政主管部门应当根据城市总体规划,会同发展改革、经贸、国土房管、环保、城乡建设、规划等有关部门,依照城市生活垃圾分类工作安排,制定城市环境卫生专业规划,专业规划应当包含生活垃圾转运、终处理设施的建设安排、地点、规模、处理方式等内容。

第八条 各级人民政府应当安排专项经费用于城市生活垃圾分类管理、回收利用的技术创新以及有关设施的建设和维护,并纳入本级人民政府财政预算。

第九条 各级城市管理行政主管部门和教育、文化广电新闻出版、卫生等行政主管部门应当加强城市生活垃圾分类的宣传教育,增强市民城市生活垃圾分类意识。

报刊亭、地铁、机场、车站、码头、旅游景点、景区等公共场所和公共交通工具的经营者或者管理者,应当采取各种形式进行城市生活垃圾分类的宣传教育。

街道办事处、镇人民政府应当组织城市生活垃圾分类宣传教育、培训工作,指导社区居民委员会、业主委员会、物业服务企业开展城市生活垃圾分类宣传教育活动。

学校应当结合教育教学活动进行城市生活垃圾分类的宣传教育,积极参与推广城市生活垃圾分类工作。

第十条 本市广播电台、电视台、报纸、期刊等宣传媒体应当按照相关法规、规章的规定，安排城市生活垃圾分类方面的公益性宣传内容。各宣传媒体根据市城市管理行政主管部门的具体要求，制订宣传计划并加以实施。

第十一条 本市城市生活垃圾分为以下四类：

（一）可回收物，包括生活垃圾中未污染的适宜回收和资源利用的垃圾，如纸类、塑料、玻璃和金属等。

（二）餐厨垃圾，包括生活垃圾中的餐饮垃圾、厨余垃圾和集贸市场有机垃圾等易腐性垃圾，如食品交易、制作过程废弃的食品、蔬菜、瓜果皮核等。

（三）有害垃圾，包括生活垃圾中对人体健康或者自然环境造成直接或者潜在危害的物质，如废充电电池、废扣式电池、废灯管、弃置药品、废杀虫剂、废油漆、废日用化学品、废水银产品、废旧电器以及电子产品等。

（四）其他垃圾，包括除可回收物、有害垃圾和餐厨垃圾之外的其他城市生活垃圾，如大件垃圾以及其他混杂、污染、难分类的塑料类、玻璃类、纸类、布类、木类、金属类、渣土类等生活垃圾。大件垃圾，是指体积大、整体性强，或者需要拆分再处理的废弃物品,包括家具和家电等。

第十二条 城市生活垃圾分类收集容器的设置由各区、县级市城市管理行政主管部门统筹负责。

收集容器实行设置责任人制度。设置责任人按照以下规定确定:

(一)新区开发、旧城改造以及新建住宅区的城市生活垃圾分类收集容器,由开发建设单位负责;

(二)有物业管理的商品住宅区的城市生活垃圾分类收集容器,由物业服务企业负责;

(三)单位的城市生活垃圾分类收集容器,由产生单位或者使用单位负责;

(四)公共场所城市生活垃圾分类收集容器,由场所主管部门或者经营管理单位负责。

前款规定以外其他区域的城市生活垃圾分类收集容器由区、县级市城市管理行政主管部门负责。

设置责任人应当保持城市生活垃圾分类收集容器完好和正常使用。城市生活垃圾分类收集容器的设置应当符合住房和城乡建设部《城镇环境卫生设施设置标准》的要求。容器表面应当有明显标志,标志应当符合国家标准《生活垃圾分类标志》的规定。

第十三条 市、区、县级市城市管理行政主管部门应当按照本市城市生活垃圾分类管理规划和相关标准,设置城市生活垃圾分类转运和处理设施。

第十四条 城市生活垃圾应当按照以下规定分类投放:

(一)可回收物应当交售给再生资源回收站点或者投放至可回收物收集容器;

(二)有害垃圾应当交给有害垃圾回收点或者投放至有害垃圾收集容器;

(三)餐厨垃圾应当投放至餐厨垃圾收集容器;

(四)其他垃圾应当投放至其他垃圾收集容器,其中大件垃圾应当按规定预约再生资源回收站点或者环境卫生作业单位上门收集搬运。

市城市管理行政主管部门应当制定和公布本市城市生活垃圾的分类方法、分类指南、实施细则等,并定期进行修订。

第十五条 分类投放的城市生活垃圾应当分类收集,禁止将已分类投放的城市生活垃圾混合收集。

可回收物和有害垃圾应当定期收集,餐厨垃圾和其他垃圾应当每天定时收集。

分类收集后的有害垃圾应当按照《危险废物贮存污染控制标准》的要求,由各区、县级市城市管理行政主管部门建设危险废物贮存点负责临时贮存。

第十六条 分类收集的城市生活垃圾应当分类运输，禁止将已分类收集的城市生活垃圾混合运输。

分类收集后的有害垃圾运输应当遵守国家有关危险废物转移和危险货物运输管理的规定。

餐厨垃圾和其他垃圾的运输由各区、县级市环卫运输车队负责或者委托具有生活垃圾运输许可证的企业负责，并按照城市管理行政主管部门指定的路线将垃圾运往生活垃圾处理场（厂）。

第十七条 可回收物应当由再生资源回收利用企业或者资源综合利用企业进行处置。

有害垃圾应当由具有相应危险废物经营许可证的企业进行处置。

餐厨垃圾中的厨余垃圾和其他垃圾应当由市城市管理行政主管部门确定的生活垃圾处理场（厂）进行处置。

第十八条 餐厨垃圾中餐饮垃圾的收集、贮存、处理、处置管理办法由市环保行政主管部门依照严控废物的有关规定另行制定。

第十九条 城市生活垃圾分类收集、运输、处置过程中，环境卫生作业单位应当采取有效的污染防治措施，防止产生二次污染。不得在人行道、绿地、休闲区等公共区域进行可回收物分拣、贮放。

处置有害垃圾必须符合国家有关危险废物收集、贮存、运输、处理的规定。

第二十条 城市管理行政主管部门、城市管理综合执法机关以及街道办事处、镇人民政府应当建立和完善城市生活垃圾分类工作的监督检查制度，对城市生活垃圾分类工作进行经常性的监督检查。

第二十一条 对城市生活垃圾分类工作有突出贡献的单位和个人，由市人民政府制定具体办法给予奖励。

第二十二条 市人民政府将区、县级市的城市生活垃圾分类工作纳入城市管理绩效考评，并定期公布结果。

第二十三条 实行城市生活垃圾分类统计制度。从事城市生活垃圾分类作业的单位应当填写相应的城市生活垃圾分类收集、运输、处置信息，定期向城市管理行政主管部门上报。

市城市管理行政主管部门应当对全市城市生活垃圾分类信息进行汇总统计，并于每年第一季度公布上一年度城市生活垃圾分类统计信息。

第二十四条 任何单位和个人发现违反本规定的行为，均有权向城市管理行政主管部门或者城市管理综合执法机关举报、投诉。接受举报、投诉后，受理部门应当及时调查和依法处理，并将处理结果告知举报人或者投诉人。

在接受举报、投诉的过程中，发现有违反有害垃圾、餐饮垃圾分类收集、运输和处置等规定的行为，接受举报、投诉的部门应当及时移交交通行政主管部门或者环保行政主管部门进行处理。

第二十五条　违反本规定，有下列行为之一的，由城市管理综合执法机关按下列规定进行处罚：

（一）违反本规定第十二条第二款规定，未按规定设置城市生活垃圾分类收集容器的，责令限期改正，并处以1万元以上3万元以下罚款。

（二）违反本规定第十二条第四款规定，未保持城市生活垃圾分类收集容器完好和正常使用的，责令限期改正，拒不改正的，处以1 000元以上3 000元以下罚款。

（三）违反本规定第十四条第一款规定，不按规定分类投放城市生活垃圾的，责令改正，拒不改正的，对个人处以每次50元罚款，对单位处以每立方米500元罚款，不足1立方米的按1立方米计算。

（四）违反本规定第十五条规定，不按规定进行分类收集的，责令改正，并处以500元以上2 000元以下罚款。

（五）违反本规定第十六条第一款、第三款规定，不按规定进行分类运输的，责令改正，并处以 500 元以上 2000 元以下罚款。

（六）违反本规定第十七条第三款规定，未经许可接纳和处置城市生活垃圾的，责令限期改正，并处以 5 000 元以上 2 万元以下罚款。

（七）违反本规定第十九条第一款规定，在公共区域进行可回收物分拣、贮放的，责令改正，并处以 500 元以上 2 000 元以下罚款。

第二十六条 本市广播电台、电视台、报纸、期刊等宣传媒体不按本规定第十条规定安排城市生活垃圾分类公益性宣传内容的，由市文化市场综合行政执法总队处以 1 万元以上 2 万元以下罚款。

第二十七条 违反本规定，有下列行为之一的，由环保行政主管部门依照有关法律、法规、规章进行处罚：

（一）有害垃圾运输违反国家有关危险废物转移规定的；

（二）有害垃圾不按规定进行处置的。

第二十八条 有害垃圾运输违反国家有关危险货物运输管理规定的，由交通行政主管部门依照有关法律、法规、规章进行处罚。

第二十九条 城市管理行政主管部门、城市管理综合执法机关、其他有关行政主管部门和街道办事处、镇人民政府及其工作人员不履行或者不正确履行城市生活垃圾分类管理有关职责，有下列情形之一的，由任免机关或者监察机关责令改正；情节严重的，由任免机关或者监察机关对直接负责的主管人员和其他直接责任人员依法给予处分；涉嫌犯罪的，移送司法机关追究刑事责任：

（一）未按规定进行城市生活垃圾分类宣传教育的；

（二）未按规定编制城市生活垃圾分类管理规划的；

（三）未按规定设置城市生活垃圾分类收集容器以及运转和处理设施的；

（四）未按规定建立监督检查制度或者不依法履行监督检查职责的；

（五）未建立分类信息反馈和公开机制的，或者未及时反馈、公开城市生活垃圾分类信息的；

（六）对举报、投诉的城市生活垃圾分类违法行为未及时依法处理或者未及时将处理结果告知举报、投诉者的；

（七）徇私舞弊，滥用职权，贪赃枉法，玩忽职守、不依法履行法定职责，损害公民、法人或者其他组织合法权益的。

第三十条 本规定自2011年4月1日起施行。

上海市城市生活垃圾处理管理办法(草案)

(2008 年 11 月 1 日起施行)

第一条(目的和依据)

为了加强对本市生活垃圾的管理,维护城市市容环境整洁,保障市民身体健康,根据有关法律、法规和《上海市市容环境卫生管理条例》,制定本办法。

第二条(定义)

本办法所称生活垃圾,是指居民在日常生活以及单位为日常生活提供服务过程中产生的各类固体废弃物,包括居民生活垃圾和单位生活垃圾。

第三条(适用范围)

本办法适用于本市中心城、新城、中心镇以及独立工业区、经济开发区等城市化地区内的生活垃圾收集、运输、处置及其相关的管理活动。

餐厨垃圾、建筑垃圾的管理分别按照《上海市餐厨垃圾处理管理办法》、《上海市建筑垃圾和工程渣土处置管理规定》的规定执行。

第四条(管理部门)

上海市市容环境卫生管理局(以下简称市市

容环卫局)负责本市生活垃圾处理的管理工作。

区、县市容环境卫生管理部门(以下简称区、县市容环卫部门)负责本区、县范围内生活垃圾处理的管理工作,业务上受市市容环卫局指导。

本市其他有关行政管理部门按照各自职责,协同实施本办法。

第五条(减量化)

鼓励单位和个人购买、使用可重复利用产品,政府有关部门在采购产品时应当优先购买可重复利用产品。

本市生产、销售的各类商品应当避免过度包装。对列入限制包装目录的产品,其包装物比例应当符合规定要求,具体限制包装产品目录以及包装物比例要求由市经委会同市市容环卫局等有关部门另行规定。

各农贸市场、超市等经营管理单位应当组织做好净菜上市的工作,减少生活垃圾的产生量。

第六条(资源化)

本市鼓励对生活垃圾进行资源化利用。鼓励单位和个人将生活、工作中废弃的可再生利用的物品,交废品回收单位或者个人回收利用。

市经委应当会同市市容环卫局、市规划局、市环保局等有关部门做好废品回收网络建设。

第七条(规划和预算)

市市容环卫局应当会同市规划、土地等有关

部门对生活垃圾处置设施的布局、用地和规模进行统一规划。市和区、县市容环卫部门应当按照职责分工负责组织生活垃圾处置设施的建设。

生活垃圾处置设施建设和运营所需经费,应当纳入市和区、县政府财政预算。

第八条(容器和设施设置)

生活垃圾收集容器和设施的设置责任人,按照下列规定确定:

(一)新建住宅区生活垃圾收集容器和设施,由开发建设单位负责;

(二)已建商品住宅区生活垃圾收集容器和设施,由业主或者业主委托的物业管理企业负责;

(三)单位生活垃圾收集容器和设施,由产生单位负责;

(四)其他生活垃圾收集容器和设施,由区、县市容环卫管理部门负责。

生活垃圾收集容器和设施的设置,应当符合国家和本市生活垃圾收集容器和设施设置规范。

生活垃圾收集容器和设施的设置责任人应当保持生活垃圾收集容器、设施的完好和正常使用。

第九条(收集)

本市对生活垃圾逐步实行分类收集。其中,装修垃圾、有害有毒垃圾和废旧家具、家电等大件垃圾应当单独收集。

市和区、县市容环卫部门应当确定生活垃圾分类实施分类收集的具体方式和要求,并向社会公布。

单位和个人应当按照市和区、县市容环卫管理部门的要求,将生活垃圾分类收集在规定的容器、设施或者场所中。

第十条(产生申报)

新产生生活垃圾的居住区或者单位,应当按照下列规定向市或者区、县市容环卫部门申报产生量和种类:

(一)居民生活垃圾,实行物业管理的居住区,由物业管理企业向区、县市容环卫部门申报;未实行物业管理的居住区,由居委会向区、县市容环卫部门申报。

(二)单位生活垃圾,由产生单位向区、县市容环卫部门申报。其中,船舶生活垃圾由船舶使用者向市市容环卫局申报。

第十一条(收运单位确定)

市或者区、县市容环卫部门应当根据生活垃圾的产生量,合理划定生活垃圾收运作业服务区域,并以招标方式确定每个作业服务区域内的收运单位。其中,船舶生活垃圾收运单位由市市容环卫局招标确定;其他生活垃圾收运单位由区、县市容环卫部门招标确定。

市或者区、县市容环卫部门应当与中标单位签订收运作业服务协议,并由市市容环卫局颁布生活垃圾收运作业服务资质证书。收运作业服务协议应当明确收运服务区域、收运期限、作业服务标准等内容。

除单位自行收运生活垃圾外,其他生活垃圾的产生单位和个人应当将生活垃圾交本条第一款确定的所在作业服务区生活垃圾收运单位收运。

第十二条(收运单位具备的条件)

参与生活垃圾收运作业服务的单位,应当具备以下条件:

(一) 具备企业法人资格,从事垃圾收集的企业注册资本不少于人民币100万元,从事垃圾运输的企业注册资本不少于人民币300万元;

(二) 垃圾收集应当采用全密闭运输工具,并应当具有分类收集功能;

(四) 垃圾运输应当采用全密闭自动卸载车辆或船只,具有防臭味扩散、防遗撒、防渗沥液滴漏功能,安装行驶及装卸记录仪;

(五) 具有健全的技术、质量、安全和监测管理制度并得到有效执行;

(六) 具有合法的道路运输经营许可证、车辆行驶证;

(七) 具有固定的办公及机械、设备、车辆、船只停放场所。

第十三条(收运规范)

从事生活垃圾收运的单位应当符合下列规定:

(一)按照环境卫生作业服务规范和作业服务协议,在规定的时间内收运生活垃圾;

(二)分类收集的生活垃圾,应当分类收运;

(三)收运生活垃圾后,应当将生活垃圾收集设施及时复位,保持收集设施和周边环境的整洁;

(四)生活垃圾应当采用密闭的车辆、船舶收运,车辆、船舶应当保持整洁和完好;

(五)将生活垃圾运送至市容环卫部门规定的中转站、处置场所存放或者处置。

第十四条(中转站)

市、区(县)市容环卫部门或者生活垃圾收运单位可以根据生活垃圾运输需要,设置生活垃圾中转站。生活垃圾中转站的设置应当符合环境保护要求和中转站设置技术规范,并按照规定办理规划、环保等有关手续。

生活垃圾在中转站应当密闭存放,存放时间不得超过 72 小时。

生活垃圾中转站内产生的渗滤水,应当经处理符合国家和本市水污染物排放标准后方可排放。

第十五条(处置单位确定)

市或者区、县市容环卫部门应当通过招标方式确定生活垃圾处置单位。

市或者区、县市容环卫部门应当与中标单位签订处置作业服务协议,并由市市容环卫局对生活垃圾处置作业服务中标单位颁发处置作业服务资质证书。作业服务协议应当明确处置期限、服务标准等内容。

第十六条(处置单位具备的条件)

参与生活垃圾处置作业投标的单位,应当具备以下条件:

(一)具备企业法人资格,规模小于100吨/日的卫生填埋场和堆肥厂的注册资本不少于人民币500万元,规模大于100吨/日的卫生填埋场和堆肥厂的注册资本不少于人民币5000万元,焚烧厂的注册资本不少于人民币1亿元;

(二)卫生填埋场、堆肥厂和焚烧厂的选址符合城乡规划,并取得规划许可文件;

(三)采用的技术、工艺符合国家有关标准;

(四)有至少5名具有初级以上专业技术职称的人员,其中包括环境工程、机械、环境监测等专业的技术人员。技术负责人具有5年以上垃圾处理工作经历,并具有中级以上专业技术职称;

(五)具有完善的工艺运行、设备管理、环境监测与保护、财务管理、生产安全、计量统计等方面的管理制度并得到有效执行；

（六）生活垃圾处理设施配备沼气检测仪器，配备环境监测设施如渗沥液监测井、尾气取样孔，安装在线监测系统等监测设备并与市容环卫部门联网；

（七）具有完善的生活垃圾渗沥液、沼气的利用和处理技术方案，卫生填埋场对不同垃圾进行分区填埋方案、生活垃圾处理的渗沥液、沼气、焚烧烟气、残渣等处理残余物达标处理排放方案；

（八）有控制污染和突发事件的预案。

第十七条（处置方式确定）

市市容环卫局应当根据本市生活垃圾产生量和生活垃圾处置场（厂）的处置能力，按照就近、经济的原则，对各区、县生活垃圾的处置方式和处置场所作统一安排。

第十八条（处置规范）

生活垃圾处置单位应当按照规定的时间和要求接收生活垃圾。

处置生活垃圾，应当符合国家和本市生活垃圾处置技术规范，保持生活垃圾处置设施、设备的正常运行，并维护处置场（厂）内外环境整洁。

生活垃圾处置场（厂）排放的污水、废气、残渣等，应当符合国家和本市有关污染物排放标准。在处置场(厂)排放污染物期间,处置单位应当对污染物排放情况作定期检测,每季度向市或者区、县市容环卫部门提交检测报告。

第十九条(垃圾处理费)

产生生活垃圾的单位和个人应当按照规定向市或者区、县市容环卫部门缴纳生活垃圾处理费。具体缴费办法由市物价局会同市市容环卫局另行制定。

领取本市最低社会保障金等特殊困难人员,可以减缴、免缴生活垃圾处理费,具体减免办法由市市容环卫局会同市财政局另行规定。

生活垃圾处理费应当专项用于生活垃圾收集、运输和处置。

第二十条(数据报送)

生活垃圾收运单位和处置单位应当建立收运、处置台帐,并在每季度第一个月的10日前将上季度收运、处置情况报送市或者区、县市容环卫部门。生活垃圾收运台帐应当如实记录所收运生活垃圾的来源、种类、数量、处置去向;生活垃圾处置台帐应当如实记录所处置生活垃圾的来源、种类和数量。

区、县市容环卫部门应当及时将收运、处置数据汇总后报市市容环卫局。

市市容环卫局应当在每年的第一季度内向社会公布上年度生活垃圾产生量和处置情况。

第二十一条(停业处理)

生活垃圾收运单位和处置单位在规定的经营期内不得擅自停止生活垃圾收运、处置作业服务。因特殊原因确需停止的,收运、处置单位应当提前6个月书面通知市或者区、县市容环卫部门,经同意后方可停业。

市或者区、县市容环卫部门在接到通知后或者当生活垃圾收运单位、处置单位擅自停止作业服务时,应当及时组织有关单位收运或者处置生活垃圾。

第二十二条(应急机制)

市和区、县市容环卫部门应当编制生活垃圾处理应急预案,建立生活垃圾应急收运和处置系统。

生活垃圾收运单位和处置单位,应当根据市和区、县生活垃圾处理应急预案的规定,编制本单位生活垃圾处理应急方案,并报市或者区、县市容环卫管理部门备案。

在发生突发性事件造成生活垃圾收运单位或者处置单位无法正常进行收运、处置生活垃圾的,市或者区、县市容环卫部门应当及时组织有关单位收运、处置生活垃圾。

第二十三条(无主垃圾处理)

对丢弃在本市道路和公共场所上的无主生活垃圾,所在地区、县市容环卫部门应当及时组织收运单位清除和收运。

第二十四条(设施关闭核准)

任何单位和个人不得擅自关闭、闲置或者拆除城市生活垃圾处置设施、场所;确有必要关闭、闲置或者拆除的,必须经所在区市容环卫部门和环境保护主管部门核准,并采取措施,防止污染环境。

申请关闭、闲置或者拆除城市生活垃圾处置设施、场所的,应当提交以下材料:

(一)书面申请;

(二)权属关系证明材料;

(三)丧失使用功能或其使用功能被其他设施替代的证明;

(四)防止环境污染的方案;

(五)拟关闭、闲置或者拆除设施的现状图及拆除方案;

(六)拟新建设施设计图;

(七)因实施城市规划需要闲置、关闭或者拆除的,还应当提供规划、建设主管部门的批准文件。

第二十五条(禁止行为)

在生活垃圾收集、运输、处置过程中禁止下列行为:

(一)任意丢弃、倾倒和堆放生活垃圾;

(二)将分类收集的生活垃圾混同收运、

处置；

（三）擅自从事生活垃圾收运或者处置活动。

第二十六条（监督检查）

市或者区、县市容环卫部门应当加强对生活垃圾收运单位和处置单位的现场监督检查，并建立相应的监管档案。需要时，可以向处置单位派驻监督员。

实施监督检查时，市和区县市容环卫部门可以采取下列措施：

（一）查阅复制有关文件和资料；

（二）要求被检查的单位和个人就有关问题做出说明；

（三）进入现场开展检查；

（四）责令有关单位和个人改正违法行为。

被检查的单位或者个人应当配合，如实反映情况，提供与检查内容有关的资料，不得弄虚作假或者隐瞒事实，不得拒绝或者阻挠管理人员的检查。

第二十七条（评议）

市和区、县市容环卫部门应当建立生活垃圾收运、处置作业服务评议制度，每年对收运单位和处置单位进行评议，评议主要包括以下内容：

（一）作业服务规范的遵守情况；

（二）具备从业条件的情况；

（三）台帐建立和数据报送情况；

（四）受行政处罚的情况；

（五）作业服务协议规定的其他义务的履行情况。

市或者区、县市容环卫部门在评议过程中应当听取被评议单位、公众和其他相关单位和个人的意见。

被市或者区、县市容环卫部门在评议为不合格的单位，可以在收到评议通知的15天内向市市容环卫局申请复核；市市容环卫局应当在15天内将复核结果书面告之申请单位。

第二十八条（对评议不合格单位的处理）

收运单位被连续两年评议不合格的，市和区、县市容环卫部门可以解除与其签订的收运协议，并组织有关单位收运生活垃圾。

处置单位被连续三年评议不合格的，市和区、县市容环卫部门可以解除与其签订的处置协议，并组织有关单位处置生活垃圾。

被解除收运协议或者处置协议的单位3年内不得参加本市生活垃圾收运、处置招标。

第二十九条（行政处罚）

对违反本办法的行为，除法律、法规另有规定外，由市或者区、县市容环卫部门按照下列规定予以处罚：

（一）违反本办法第十条规定，未按规定申

报生活垃圾，影响市容环境卫生的，责令限期改正；逾期不改正的，处以 100 元以上 1000 元以下罚款。

（二）违反本办法第十一条第四款规定，生活垃圾的产生单位和个人将生活垃圾提供给本办法第十一条第一款规定以外的单位、个人收运的，责令限期改正，并可处 1000 元以上 1 万元以下的罚款。

（三）违反本办法第十四条第二款规定，生活垃圾在中转站内不按规定密闭存放或者存放时间超过 72 小时的，责令限期改正，并可处 2000 元以上 2 万元以下的罚款。

（四）违反本办法第十八条第二款规定，处置单位未保持处置设施、设备正常运行的，责令限期改正，并可处 3000 以上 3 万元以下的罚款。

（五）违反本办法第十八条第三款、第二十条一款规定，未提交检测报告、未建立台帐或者未按规定报送统计报表的，责令限期改正；逾期不改正的，处以 1000 元以上 1 万元以下的罚款。

（六）违反本办法第十九条第一款规定，未按规定缴纳生活垃圾处理费的，责令限期补缴；逾期不补缴的，对单位可处以应交生活垃圾处理费三位倍以下且不超过 3 万元的罚款，对个人可处以应交生活垃圾处理费三倍以下且不超过 1000 元以下的罚款。

（七）违反本办法第二十一条第一款规定，收运、处置擅自停止收运、处置活动的，责令限期改正，并可处1万元以上10万元以下的罚款。

（八）违反本办法第二十二条条第二款规定，收运或者处置单位未按规定编制应急收运或者处置方案的，责令限期改正；逾期不改正的，处以1000元以上1万元以下的罚款。

（九）违反本办法第二十五条第二款规定，将分类收集的生活垃圾混用收运的，责令限期改正，并可处3000元以上3万元以下的罚款。

违反本规定第十四第第三款规定，中转站内排放的渗滤水超过污染物排放标准的，由环保部门按照环境保护的有关规定处理。

第三十条(施行日期)

本办法自2008年11月1日起施行。

生活垃圾分类标志（GB/T 19095—2008）

序号	标　志	名称	说　明
1	 可回收物 Recyclable waste	可回收物	表示适宜回收和资源利用的垃圾，包括纸类、塑料、玻璃、金属、织物和瓶罐等
2	 有害垃圾 Harmful waste	有害垃圾	表示含有害物质，需要特殊安全处理的垃圾，包括对人体健康或自然环境造成直接或潜在危害的电池、灯管和日用化学品等
3	 大件垃圾 Bulky waste	大件垃圾	表示体积大、整体性强，或者需要拆分再处理的废弃物品，包括家电和家具等

续表

序号	标　志	名称	说　明
4	 可燃垃圾 **Combustible waste**	可燃垃圾	表示适宜焚烧处理的垃圾,包括落叶、木竹以及不宜回收和资源化利用的纸类、塑料和织物等
5	 可堆肥垃圾 **Compostable waste**	可堆肥垃圾	表示适宜进行堆肥发酵处理的垃圾,包括餐厨垃圾、落叶等
6	 其他垃圾 **Other waste**	其他垃圾	表示分类之外的垃圾
7	 纸类 **Paper**	纸类	表示废纸,包括书报纸,包装纸和纸版纸等

续表

序号	标　　志	名称	说　　明
8	 塑料 Plastic	塑料	表示塑料容器和塑料包装等废塑料
9	 金属 Metal	金属	表示废金属，包括各种类别的金属物品
10	 玻璃 Glass	玻璃	表示废玻璃，包括无色玻璃和有色玻璃
11	 织物 Textile	织物	表示废纺织物

续表

序号	标　志	名称	说　明
12	 瓶罐 Bottle & Can	瓶罐	表示各种类别的废瓶罐
13	 电池 Battery	电池	表示废电池，包括柱形电池，扣形电池、板形电池和异形电池等
14	 餐厨垃圾 Food scrap	餐厨垃圾	表示包括家庭、饭店、食堂等产生的易腐性厨余垃圾和餐饮垃圾，统称餐厨垃圾。可根据具体的场合使用该标志，中文分别为厨余垃圾、餐饮垃圾、餐厨垃圾，英文对照词分别为 kitchen waste、food residuc、food scrap

图说生活垃圾分类

（以张家港生活垃圾分类为例）

生活垃圾分类方法

生活垃圾按“大类粗分”的原则分为可回收物、餐厨垃圾、有毒有害垃圾、其他垃圾4类。

四类垃圾收集容器的颜色分别是：可回收物——蓝色（图1）、其他垃圾——橘红色（图2）、餐厨垃圾——灰色（图3）、有毒有害垃圾——红色（图4）。

蓝色　　橘红色　　灰色　　红色

（图1）　（图2）　（图3）　（图4）

按照地区属性不同，具体采取以下分类方法：

1. 居住区

一般分为可回收物、餐厨垃圾、有毒有害垃圾和其他垃圾4类。

根据家庭实际情况，建议市民在厨房放置“餐厨垃圾、其他垃圾”收集桶，在卫生间放置“其他垃圾”收集容器，将家庭产生的餐厨垃圾和其他垃圾投入相应垃圾桶内，收集好后投入小区楼幢投放点或综合投放点设置的“餐厨垃圾、其他垃圾”收集桶内。

家中产生的可回收物和有毒有害垃圾可分

别暂存在袋子、纸箱中，再投入小区综合投放点相应的收集容器内。可回收物也可直接出售给废旧物资回收企业。

室 内

小区楼幢投放点

小区综合投放点

2. 办公区（含住宿区、教学区）

一般分为可回收物、有毒有害垃圾、其他垃圾3类。

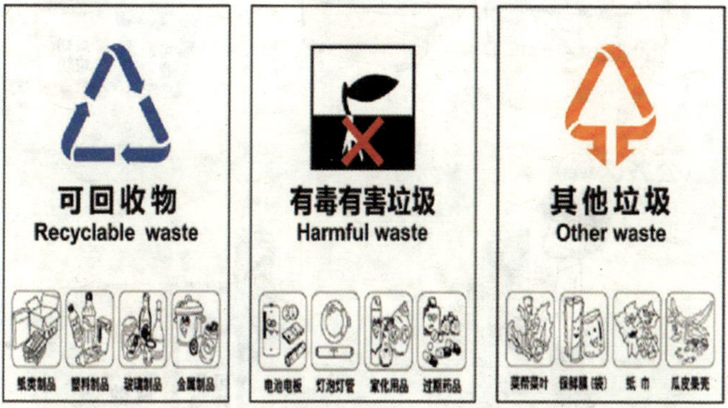

室内设置“可回收物”、“其他垃圾”收集容器，将室内产生的可回收物和其他垃圾投入相应容器，然后投入公共区域或综合投放点设置的“可回收物”、“其他垃圾”收集桶内。

室内

卧 室

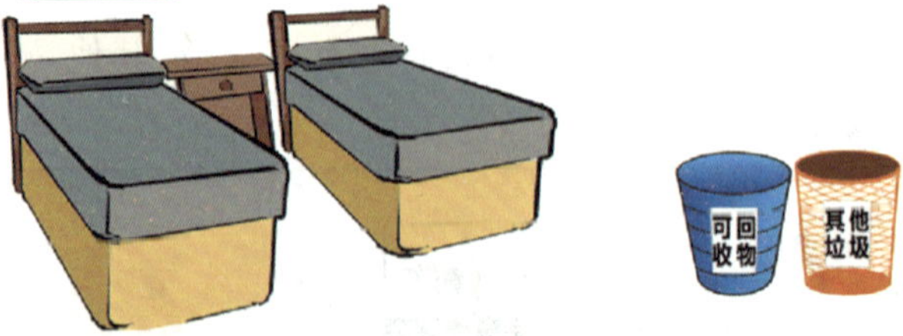

有毒有害垃圾收集后，投放至垃圾综合投放点设置的“有毒有害垃圾”收集桶内。

垃圾综合投放点

3. 公共场所

一般分为可回收物、其他垃圾 2 类。

4. 餐饮区

一般分为可回收物、餐厨垃圾、其他垃圾3类。

单位食堂及宾馆、饭店、餐馆等餐饮企业设置“可回收物”“餐厨垃圾”“其他垃圾”收集桶，并且确保分类标识清晰，以便就餐人员及服务人员正确分类投放。

四类垃圾的组成

1. 可回收物

可回收物指回收后经过再加工可以成为生产原料或者经过整理可以再利用的物品，主要包括纸类、塑料类、玻璃类、金属类、织物类、电子废弃物类等。

【纸　类】

报纸　纸箱板　图书　杂志　药盒

传单广告纸　办公室用纸　洗净的牛奶盒等利乐包装　洗净的饮料盒　纸杯　…… ……

【塑料类】

塑料饮料瓶　塑料油桶　塑料盆　塑料餐盒　泡沫塑料　塑料玩具　洗净的酸奶杯　…… ……

【玻璃类】

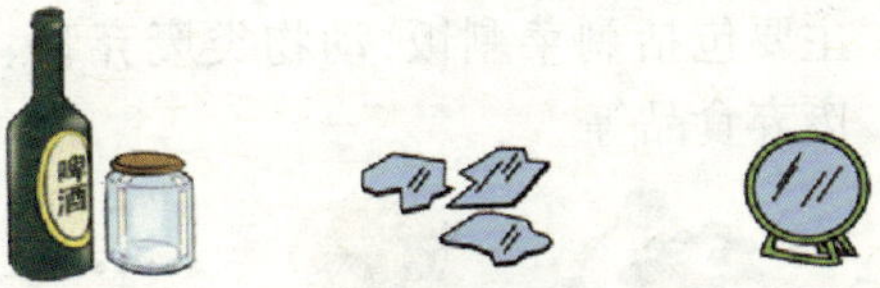

玻璃瓶罐　平板玻璃　镜子　……

【金属类】

易拉罐　罐头盒　金属厨具　金属餐具　…… ……

【织物类】

棉被　毛巾　书包　衣服　……

【电子废弃物类】

电视机　电脑　空调机　电风扇　洗衣机　电冰箱　DVD机　……

2. 餐厨垃圾

餐厨垃圾

餐厨垃圾分为：

① 家庭中产生的易腐食物垃圾。主要包括剩菜剩饭、动物类废弃物、废弃食品等。

剩菜剩饭　动物内脏　废弃食品　……

② 餐饮服务单位（餐馆、饭店、宾馆等餐饮企业以及单位食堂）在食品加工、饮食服务、供餐等活动中产生的食物残渣、残液和废弃油脂等。

3. 有毒有害垃圾

有毒有害垃圾

有毒有害垃圾
Harmful waste

有毒有害垃圾包括废旧电池、电板、灯泡、灯管、油漆、家化用品、水银温度计、过期药品等。

电池电板

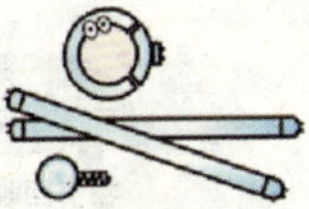
灯泡灯管

油漆

家化用品

杀虫气雾剂

电热蚊香片

水银温度计

过期药品

……

4. 其他垃圾

其他垃圾

其他垃圾
Other waste

其他垃圾指除上述可回收物、餐厨垃圾、有毒有害垃圾之外的垃圾。主要包括纸巾、菜帮菜叶、保鲜膜(袋)、食品袋、瓜皮果壳、烟头等。

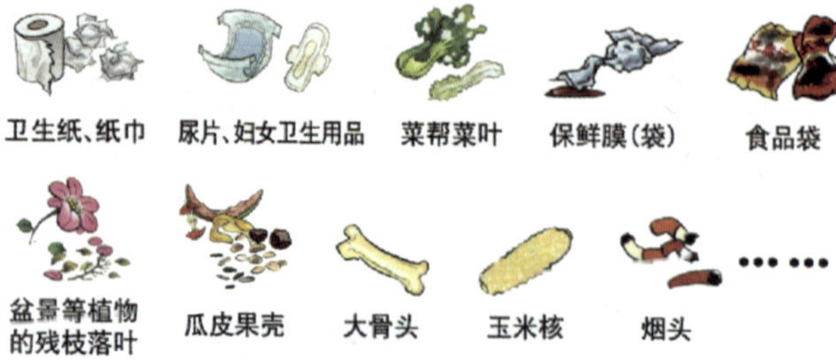

生活垃圾分类物流图解

可回收物 Recyclable waste

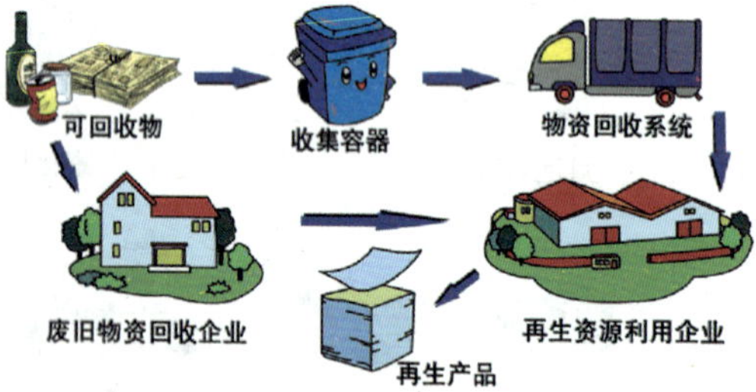

餐厨垃圾 Kitchen waste

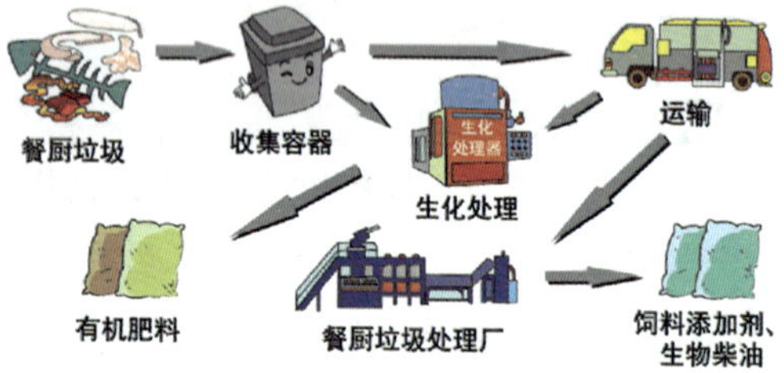

有毒有害垃圾 Harmful waste

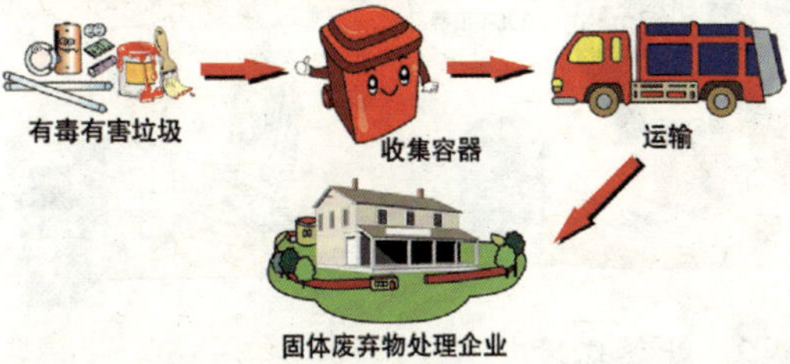

其他垃圾 Other waste

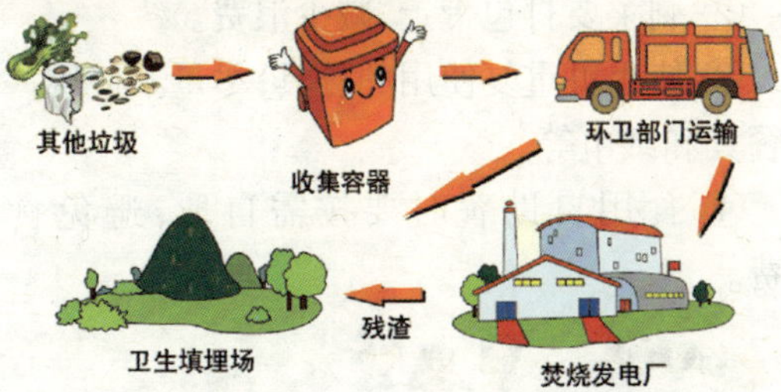

如何做到垃圾减量

1. 学习、办公环境

① 尽量不用一次性签字笔、圆珠笔。

② 纸张双面书写双面打印。

③ 使用再生产品，比如再生纸及再生纸制品。

④ 尽量运用互联网、局域网进行电子化教学，开展无纸化办公。

⑤ 尽量使用可重复使用的杯子，不使用一次性纸杯。

2. 就餐环境

① 在外就餐要适量点餐，合理搭配。

② 剩菜要打包带走，减少浪费。

③ 使用可重复使用的餐具，尽量不使用一次性餐具和纸巾等。

④ 食用自助餐时要按需自取，避免食物浪费。

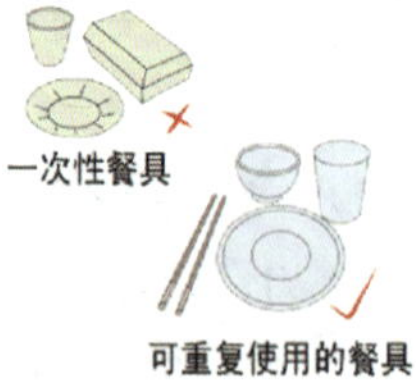

3. 购物环境

① 购买并使用有中国环境标志、循环利用标志和中国节能认证标志的商品。

② 购买无需包装、简易包装或大包装的商品，尽量不买过度包装或小包装的商品。

③ 购买可重复使用的耐用品，尽量不买一次性用品。

④ 尽量选购净菜。

⑤ 购物时自带环保购物袋,不用塑料袋。

4. 旅游环境

① 旅游者自带可重复使用的杯子、洗漱用品。

② 旅游过程中应将各类垃圾分类收集和投放,不要随手丢弃。

5. 家庭生活环境

① 分出可回收物品单独存放,并卖给废品回收部门。

② 把不用的衣服等用品进行捐赠。

③ 尽量使用可重复使用的耐用品(如充电

式电池等），避免使用一次性用品。

可回收物、其他垃圾、餐厨垃圾、有毒有害垃圾

标志和收集容器颜色分别为：

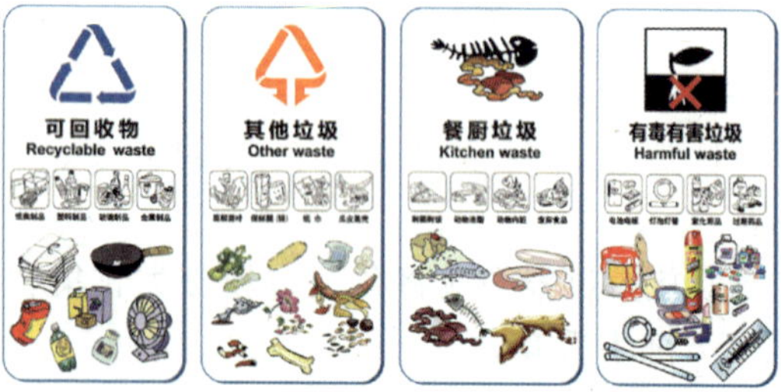